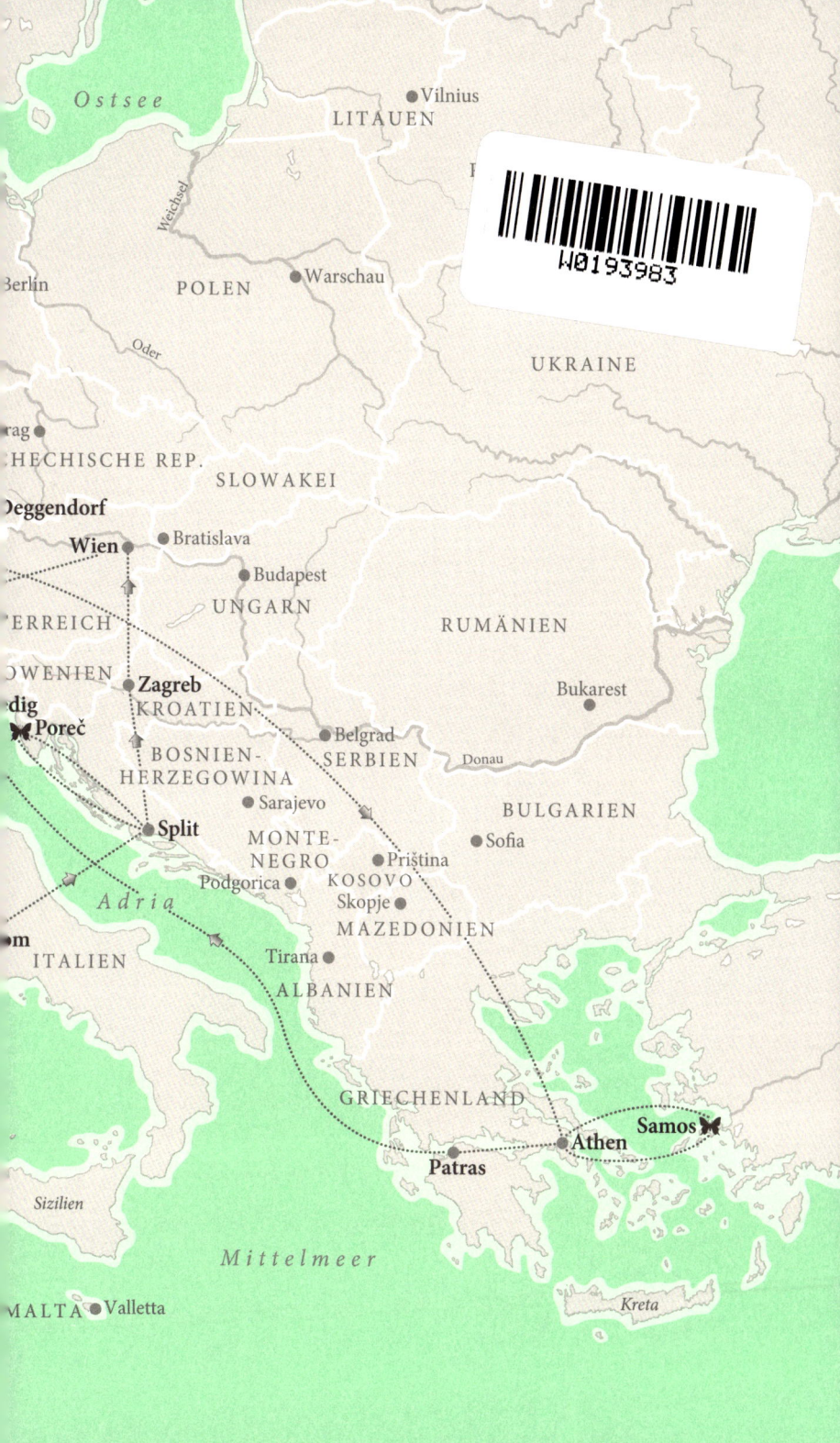

Mein
Schmetterlings-
jahr

Peter Henning

Mein Schmetterlings-jahr

Ein Reisebericht

THEISS

In Erinnerung an Viktor Knapik (1917 – 1980)

Dr. T. Voggmyer, TS, 21.VII.19

Die Deutsche Nationalbibliothek verzeichnet diese Publikation
in der Deutschen Nationalbibliografie;
detaillierte bibliografische Daten sind im Internet über
http://dnb.d-nb.de abrufbar.

Der Theiss Verlag ist ein Imprint der WBG.

© 2018 by WBG (Wissenschaftliche Buchgesellschaft), Darmstadt
Die Herausgabe des Werkes wurde durch die Vereinsmitglieder
der WBG ermöglicht.
Redaktion: Daniel Schmitt, Heppenheim
Satz: Bachmann Design, Weinheim
Gedruckt auf säurefreiem und alterungsbeständigem Papier
Printed in Germany

Besuchen Sie uns im Internet: www.wbg-wissenverbindet.de

ISBN 978-3-8062-3687-3

Elektronisch sind folgende Ausgaben erhältlich:
eBook (PDF): ISBN 978-3-8062-3688-0
eBook (epub): ISBN 978-3-8062-3689-7

INHALT

EINLEITUNG

Es begann mit einem Geräusch vor mehr als fünfzig Jahren im ehemaligen Klavierzimmer meiner Tante. Es klang, als fange ein Stück Papier, an das man ein brennendes Streichholz hält, von einem Luftzug angefacht an mehreren Stellen gleichzeitig Feuer.

„Fuh! Fuh! Fuh!"

Ich war damals sieben Jahre alt und ich weiß nicht mehr, wie es kam, dass mein polnischer Ziehvater Walla, der eigentlich Viktor Knapik hieß, plötzlich das Tagpfauenauge (*Inachis Io*) in seinen zu einer geschlossenen Kugel geformten Händen gefangen hielt. Aber ich sehe seine starken, nicht sehr großen Hände auch ein halbes Jahrhundert später so deutlich wie auf einer Fotografie vor mir. Als bräuchte ich nur meinen Arm nach ihnen auszustrecken, um sie zu berühren. Ich beugte mich über das kleine Guckloch, das er mit seinen übereinandergelegten Daumen erzeugte, indem er sie vorsichtig einen Spalt breit voneinander löste, wobei er mich auffordernd ansah und sagte: „So. Und jetzt schau und hör mal!"

Also spähte ich in das halbdunkle Innere des kleinen Fingergefängnisses, in dem der Falter mit geschlossenen, steil aufragenden Flügeln saß. Dann legte ich wie befohlen mein Ohr an die Öffnung, schloss die Augen, horchte gespannt und erlebte ein kleines akustisches

Wunder, als der Falter seine Flügel ein paar Mal kurz hintereinander öffnete und wieder schloss und dabei die Luft, die sich zwischen den tausendfach dachziegelartig angeordneten Schuppen gesammelt hatte, mit einem mir magisch erscheinenden „Fuh! Fuh! Fuh!" entwich.

Ich registrierte es mit der Wonne eines wohligen, süßen Schauers, der mich heute noch mit beinah der gleichen Intensität durchströmt, wenn ich in der Erinnerung in das ehemalige Klavierzimmer meiner Tante zurückkehre.

„Ja, ich höre es!", habe ich ebenso stolz wie aufgeregt ausgerufen und mich augenblicklich im Besitz einer höheren Wahrheit gefühlt. Ich hatte gerade – davon war ich überzeugt – nicht nur etwas völlig Unvergleichliches gehört, ein allerkürzestes Musikstück geradezu, sondern dieses zugleich als eine an mich ganz persönlich gerichtete Liebeserklärung verstanden.

Seither suche, sammle, züchte, bewundere und literarisiere ich das Leben der Schmetterlinge, welches sich zum Großteil im Verborgenen abspielt, erforsche die schier unergründliche Vielfalt ihrer Verhaltensweisen und verfolge ihre faszinierenden Verwandlungen mit der Zuneigung eines ihnen unerschütterlich zugewandten Freundes, ja Verehrers.

Ich studiere die von Art zu Art jeweils anders verlaufende Metamorphose vom stecknadelkopfgroßen Ei über die diversen Raupenstadien und die Verpuppung bis hin zum krönenden Abschluss: dem Hervorbrechen des ausgewachsenen Falters, der sogenannten *Imago*, aus der geschlossenen Puppenhülle. Sein Erscheinen markiert das Ende eines ebenso vielfältigen wie faszinierenden Entwicklungsprozesses, leitet aber mit der bald darauf erfolgenden Paarung und der Eiablage durch die weiblichen Imagines zugleich die nächste Etappe im Leben eines Schmetterlings ein, womit der gesamte Zyklus im Sinne der Arterhaltung von Neuem beginnt.

Doch ich betreibe meine Forschungen nicht mit der strengen Systematik des Wissenschaftlers, der die meiste Zeit beflissen durch das Okular seines Elektronenmikroskops schaut, durch welches er Mundwerkzeuge, Superpositionsaugen, Brustganglien, Herz oder Hoden einheimischer Schwärmerraupen studiert, und sie anschließend mit chirurgischer Sorgfalt seziert. Nein, ich arbeite mit der freien, ungezwungenen und oft ekstatischen Leidenschaft eines in die Formen-, Farben- und Wesensvielfalt vernarrten Beobachters und Geschichtenerzählers, der sich jedoch nicht weniger interessanten Fragen widmet. Was zum Beispiel mag den in der Toskana anzutreffenden Erdbeerbaumfalter (*Charaxes jasius*) dazu veranlassen, mich unvermittelt anzugreifen? Wie ist es möglich, mit einem Admiral (*Vanessa atalanta*) zu spielen? Oder warum sitzen Zitronenfalter (*Gonepteryx rhamni*) im tiefsten Winter unter der dichten Schneedecke, ohne zu erfrieren?

Davon und von vielem mehr will dieses etwas andere Schmetterlingsbuch erzählen, indem es seine Leserinnen und Leser an jene entlegenen Orte entführt, wo der seltene Falsche Apollofalter (*Archon appolinus*), der prächtige Isabellaspinner (*Graellsia isabellae*) oder die tanzende Berghexe (*Chazara briseis*) zu Hause sind – auf die griechische Insel Samos, in die südspanische Sierra de Segura oder an die kroatische Felsenküste bei Porec. Mein Reisebericht ist eine unverhohlene Liebeserklärung an all die Schmetterlinge, denen ich je begegnet bin.

Meine erste Falter-Expedition, die diese Bezeichnung verdiente, unternahm ich 1967 gemeinsam mit meiner Großmutter Luise und ihrem Lebensgefährten Viktor in dessen rotem Opel Rekord 1700. Sie führte uns in die Nähe von Porec im damaligen Jugoslawien. Frisches Brot *(kruh)* und Milch *(mlijeko)* brachte ein staubiger alter Kleinlaster jeden Morgen auf den Campingplatz. Trinkwasser holten wir aus einer Zisterne in den von Macchia überwucherten Hügeln und in den Postämtern hing allerorten das Konterfei des amtierenden kommunistischen Staatschefs Josip Tito an den Wänden. An den Straßenrändern boten im Schatten sitzende, sonnenverbrannte junge Männer und Frauen Wassermelonen zum Verkauf, die wir im Meerwasser kühlten und uns am Strand schmecken ließen. Aus den mit Wäscheleinen in den Ästen der Pinien befestigten Lautsprechern schallten die Hits von Neil Diamond und Herman's Hermits über den Zeltplatz, und über die Außenwände unseres gelb-blauen Vier-Mann-Zelts krabbelten die gelbgrünen, walzenförmigen Raupen des Segelfalters (*Iphiclides podalirius*), des vielleicht schönsten und anmutigsten Fliegers unter den europäischen Schuppenflüglern. Tagsüber lagen handtellergroße blutrote Seesterne auf den Steinmauern rund um den Zeltplatz zum Trocknen in der Sonne, abends roch es nach gegrilltem Fisch und spätnachts fegte manchmal die Bora, der gefürchtete Fallwind aus dem Norden, über den Platz hinweg und raubte uns den Schlaf. Ich habe die schier endlosen Sommer in Jugoslawien geliebt!

Georg Warneckes Naturführer *Welcher Schmetterling ist das?* wurde zu meiner Bibel, die ich immer bei mir trug. Sie lehrte mich glauben, sehen und verstehen. Ich lernte den Glauben an die Schönheiten und die Wunder der Natur, das sehende Erkennen der Schmetterlinge in ihren bisweilen kaum begreiflichen Erscheinungsformen und das lesende Verstehen der selbst für einen Jungen wie mich zugänglichen Erläuterungen.

Gleichwohl begriff ich früh, dass sich unser Wissen über die erstmals im Jahr 1501 so bezeichneten „Schuppenflügler" zumeist auf die oberflächlichen Informationen beschränkt, welche die gängigen Bestimmungsbücher in Form bunter Bildtafeln und kurz gefasster Texte ihren Lesern bieten. Falter-Steckbriefe – schön und gut! Aber sonst? Ich wollte bald mehr, tiefer eindringen in ihre Welt, ihnen näher kommen und mich in sie einfühlen, um sie besser zu verstehen. Aus dem Bedürfnis heraus, all jene, die sich für Schmetterlinge interessieren, wenigstens für ein paar Stunden in eine fremde Welt zu entführen und ihre Geheimnisse zu lüften, ist dieses Buch entstanden.

Der Schmetterling gilt als Sympathieträger. Man begegnet ihm auf Werbeplakaten, Postkarten, Briefmarken, Kalendern und unzähligen Buchumschlägen, als Motiv von Schmuckstücken oder als modisches Accessoire. Die britische Achtzigerjahre-Pop-Band Barclay James Harvest hatte den Schmetterling zu ihrem persönlichen Wappentier erkoren und der psychopathische Killer in Thomas Harris' weltberühmtem Thriller *Das Schweigen der Lämmer* deponierte in einem symbolischen Akt Puppen des Totenkopfschwärmers (*Acheronita atropos*) als Signatur in den Rachen seiner Opfer.

Der Schmetterling wird als schillernder Meister der Metamorphose und als Sinnbild fragiler Anmut gepriesen. Die Mythologie sieht in ihm ein Symbol für Wiedergeburt und Unsterblichkeit. Für viele Menschen verkörpert er die Leichtigkeit des Seins, Grazie, Lebens- und Sinnenfreude. In Mexiko glaubt man, die jedes Jahr am Tag der Toten, dem *Día de Muertos*, zu Hunderttausenden aus dem Norden in die Sierra Nevada einfallenden Monarchfalter (*Danaus plexippus*) trügen die heimkehrenden Seelen der Verstorbenen in sich.

Über die artspezifischen Eigenheiten, Tarnkünste, Finten und Überlebenstricks der Schmetterlinge und die „Kostümwechsel" ihrer larvenhaften Vorstufen, der Raupen, ist vergleichsweise wenig bekannt. Was sich darüber in den anspruchsvollen Aufsätzen der Forscher findet, die sich in entomologischen Vereinen organisiert haben, um ihr Feld streng wissenschaftlich zu beackern, verschließt sich dem Laien bereits aufgrund der ihm unverständlichen Fachsprache. Aber muss das sein? Geht es nicht auch anders? Ich denke schon.

Ich habe, auch später noch, als ich bereits Schriftsteller war und Romane schrieb, lange davon geträumt, eines Tages ein Schmetterlingsbuch zu schreiben für Menschen wie mich, die wissen wollen, ohne Wissenschaft treiben zu müssen. Ein Buch, in dem ich ganz persönlich beschreibe, was ich auf meinen Reisen zu den Schmetterlingen erlebt habe, was ich ihnen verdanke und weshalb sie mit Fug und Recht zum Schönsten im Tierreich gezählt werden.

Wer sich eine Vorstellung von der unendlichen Vielfalt der Arten, von den Lebensräumen und der kulturellen Bedeutung der Schmetterlinge verschaffen will, darf sich nicht auf die heimischen, uns in Gärten, Parks und städtischen Grünanlagen begegnenden Falter beschränken. Er muss reisen, dorthin, wo er die Schmetterlinge in ihrer natürlichen Umwelt vorfindet, dorthin, wo sie ihre jahrhundertealten Rituale zelebrieren, ins Innerste ihrer Welt. Andere legen ein Sabbatical ein, um eine Zeit lang Abstand vom Alltag und den Kopf frei zu bekommen. Ich habe mir dafür ein Schmetterlingsjahr gegönnt.

Ich beugte mich über die Europakarte, wählte als Reiseziele die Flugorte jener Falter aus, die ich immer schon einmal in ihrer ursprünglichen Umgebung beobachten wollte, arbeitete eine Route aus, packte meine Koffer, sagte meinen Freunden Adieu und brach auf. Was ich auf meiner knapp zwölf Monate währenden Expedition erlebte, findet sich festgehalten in den nachfolgenden Geschichten über eine mehr denn je vom Aussterben bedrohte Spezies.

Das eingangs geschilderte Tagpfauenauge, das mich die Schmetterlinge „hören" lehrte, haben wir übrigens wenig später durchs offene Küchenfenster in die Freiheit des strahlend blauen Hanauer Julihimmels entlassen. Das Geräusch aber, das ich damals zum ersten Mal vernahm, habe ich nie vergessen. Es begründete meine bis heute unverbrüchliche Verbundenheit mit ihm und all seinen Artgenossen.

Peter Henning, im Januar 2018

DAS
BIRMINGHAM-
GEFÜHL

Ich habe das Fliegen nie gemocht. Nicht weil ich Flugangst hätte. Sondern weil ich jedes Mal, wenn ich eine Maschine besteige, hinterher das Gefühl habe, betrogen worden zu sein.

Das erste Mal hatte ich dieses Gefühl, nachdem ich als 15-Jähriger mit einer Propellermaschine des Typs „Vickers Viscount" nach Birmingham geflogen war, um meine ganz in der Nähe, in Sutton Coldfield, lebende Tante Martha und ihren Mann Charlie zu besuchen. Als ich in Birmingham ausstieg, fühlte ich mich genau wie nach meiner Blinddarmoperation, die ich im Alter von sieben Jahren über mich ergehen lassen musste und bis heute mit einem dunklen Fleck in meiner Erinnerung verbinde, mit einer schmerzhaften Gedächtnislücke, einer Leerstelle: Das Stück Lebensfilm zwischen Betäubung und Erwachen aus der Narkose fehlt. Als hätte es jemand herausgeschnitten und die beiden neuen Enden wieder miteinander verbunden.

Genauso geht es mir, als ich nun auf dem Vorplatz des Flughafens „Aristarchos" auf Samos im Licht stehe, geblendet von der hell strahlenden Februarsonne die Augen mit der Hand beschirme und um mich her Autohupen und griechisches Palaver erklingen. Wieder bin ich von einem knapp siebenstündigen Flug mit Zwischenstopps in München und Athen um das Gefühl einer schrittweisen Annäherung gebracht worden.

Ich habe ein mich mehrere Jahre in Atem haltendes Romanprojekt glücklich, aber ziemlich erschöpft beendet und bin nun voller Hoffnung, die entstandene Leere mit neuen, belebenden Eindrücken zu füllen. Doch nicht in Form einer jähen Fluchtbewegung über wechselnde Landesgrenzen hinweg und zu neuen Schauplätzen hin, sondern im gemächlichen Rhythmus derer, die ich ausgiebig beobachten zu können hoffe: die bisweilen mit geradezu hypnotisierender Langsamkeit dahinflatternden Apollofalter, Weißen Waldportiers und kroatischen Berghexen, deren Lebensräume auf meiner Europakarte rot eingezeichnet sind. Was mir vorschwebt, ist eine Wiederentdeckung der Langsamkeit nach der zehrenden Hektik und Betriebsamkeit der letzten Jahre.

Als am 4. Juli 1837 in Mittelengland die ersten dampfbetriebenen Eisenbahnen der „Grand Junction Railway" den Betrieb aufnahmen, scheuten viele davor zurück, die stählernen Waggons zu besteigen, weil sie glaubten, durch die für damalige Verhältnisse irrwitzig hohe Geschwindigkeit körperlich Schaden zu nehmen. Vielfach wurden Bedenken, ja wurde die Furcht geäußert, das menschliche Gehirn könne die rasche Vorwärtsbewegung nicht nachvollziehen und werde dadurch in Mitleidenschaft gezogen. Ich kann die Männer und Frauen, die das dachten und fühlten, verstehen, denn wer reist, will es bewusst und sehenden Auges tun und nicht mit einem jähen Sprung oder Sturz durch die Zeit.

Seit meinem Flug mit der „Vickers Viscount" verabscheue ich das Birmingham-Gefühl, denn es verwirrt mich, statt mich langsam auf mein Ziel einzustimmen. Bei meiner Expedition quer durch Europa werde ich das Fliegen, wenn es sich machen lässt, vermeiden und stattdessen mit dem Schiff oder dem Zug reisen.

Aus der klirrenden Kölner Kälte mit Temperaturen deutlich unter dem Gefrierpunkt bin ich ziemlich abrupt in die östliche Ägäis verpflanzt worden, wenn man sich vergegenwärtigt, dass unsere Maschine eine Strecke von 2218 Kilometern in gerade einmal einem halben Tag zurückgelegt hat. Zu Hause blühen Eisblumen an meinen Fensterscheiben, während die Leute hier in leichter Sommerkleidung herumlaufen. Es ist zwar erst Februar. Trotzdem wirkt bereits alles frühlingshaft mit all den betörenden Farben und Gerüchen. Noch in der Ankunftshalle des Flughafens tausche ich mein Sweatshirt und meine Jeans gegen Shorts und T-Shirt und meine schweren Lederstiefel gegen ein Paar leichte Vans.

Ich bin nach Samos gekommen, um den Griechischen Apollofalter (*Archon apollinus*) aufzuspüren, den Falschen Apollo, wie er auch genannt wird. Einen ganz besonderen Vertreter seiner Gattung, der in warmen Jahren schon im Februar auf der Insel anzutreffen ist. Mit Vorliebe besucht er die steinigen Hänge lichter Weinberge und windgeschützte, von Felsplatten durchsetzte Olivenhaine, die er als Sonnenbänke nutzt. Denn der Falsche Apollo ist ein stiller Genießer, der mit einer Spannweite von 54 bis 60 Millimetern nicht zu den Riesen unter den europäischen Tagfaltern zählt. Aufgrund seines hybriden, unverwechselbaren Aussehens wirkt er, als habe man einen „echten" Apollofalter (*Parnassius apollo*) mit dem kleineren Osterluzeifalter (*Zerynthia polyxena*) gekreuzt.

Der Falsche Apollo, der in seinem Äußeren stark den „echten" Apollos der Gattung *Parnassius* ähnelt, also zum Beispiel dem Apollofalter oder dem Schwarzen Apollo (*Parnassius mnemosyne*), und wie diese zur Familie der Ritterfalter (*Papilionidae*) gehört, zählt zu den Frühstartern ins Jahr.

Seine Heimat Samos ist der kleinasiatischen Küste vorgelagert, ein Eiland mit zahllosen, oft in Buchten gelegenen Stränden und terrassenförmig ansteigenden Hügeln, die sich wie Schutzwälle gegen das ruhelos heranstürmende Meer erheben. Seit Jahrhunderten hat man sich hier auf den Anbau von Wein und den Handel mit Rosinen und Olivenöl spezialisiert, irgendwann kam der Tabak hinzu. Im Zweiten Weltkrieg war die Insel von italienischen Truppen besetzt. 1946 kam es zum griechischen Bürgerkrieg, er schwächte die ohnehin schon er-

schöpfte Wirtschaft noch mehr und Samos litt unter der bald einsetzenden Auswanderung. Erst mit dem Ende der Militärdiktatur 1974 begann ein neuer Aufschwung und durch den in den 1980er-Jahren einsetzenden Tourismus avancierte Samos zu einem beliebten Urlaubsziel, denn es herrschen milde, regenreiche Winter und trockene, warme Sommer vor. Die Jahresdurchschnittstemperatur liegt bei angenehmen 19,3 Grad. Jetzt, im Februar, ist die Quecksilbersäule schon auf 18 Grad geklettert, ideal für einen wie den *Archon apollinus*, der es liebt, immer wieder von Flugpausen unterbrochen im Sonnenschein die blütenreichen Hänge und Haine zu besuchen.

Das Taxi bringt mich in einer knapp zehn Kilometer langen Fahrt über gewundene Straßen ins „Kerveli Village". Das Hotel erweist sich als einladendes, vor den Hang gebautes weißes Landhaus, in dem ich ein helles großzügiges Zimmer mit Meerblick beziehe. Um diese Jahreszeit ist es kein Problem, auf Samos ein Zimmer zu mieten. Als ich am offenen Fenster stehe und aufs Meer blicke, kann ich mein Glück kaum fassen: Ich bin der lähmenden Unwirtlichkeit der Kölner Kälte tatsächlich entronnen und im Herzen der frühlingshaften Schönheit Griechenlands angekommen.

Die Farben sind hier anders. Kräftiger, leuchtender. Das Gras ist grüner, der hohe Himmel von einem ungleich intensiveren, irisierenden Blau. Und der von knorrigen Eichen, Kiefern und Zypressen durchsetzte Strand besitzt den gleichen Curry-Ton wie der Staub, der zum offenen Seitenfenster hereingeweht kam, als wir mit dem Taxi aus der Stadt hinausfuhren, die asphaltierten Straßen verließen und in Richtung Kerveli in die Hügel vordrangen.

Nachdem ich mich in meinem Zimmer eingerichtet habe, nehme ich an einem der weiß gedeckten Tische auf der überdachten Steinterrasse Platz, bestelle gekühlten Weißwein und Wasser, Schafskäse und Oliven. Um die Frühblüher, welche die Terrasse säumen und sich aus schweren Kübeln erheben, flattern mehrere Kleine und ein Großer, in unseren Breiten leider stark zurückgegangener Kohlweißling (*Pieris rapae* bzw. *Pieris brassicae*), Sommerboten, die sich aus ihren Winterquartieren vorzeitig ans Licht gewagt haben. Und sogar ein Taubenschwänzchen (*Macroglossum stellatarum*) zeigt sich. Dieser kleine wendige Wanderfalter, der im Juni auch in deutschen Städten an den Balkonblumen anzutreffen ist, lässt den flüchtigen Beobachter unweigerlich an einen schwirrenden Kolibri denken, wenn er scheinbar reglos in der Luft steht und mit seinem fadendünnen Rüssel den Nektar aus der Blüte saugt. Die den behaarten, keilförmigen Hinterleib zierenden, an die Schwanzfedern von Tauben erinnernden Haarpinsel geben dem faszinierenden hummelartigen Falter seinen klangvollen Namen.

Am nächsten Morgen gegen halb zehn laufe ich über die steil zum Meer hin abfallende Steintreppe hinunter zur Bootsanlegestelle. In der kleinen Bucht dümpeln ein paar Einmaster. Ich ziehe die Schuhe aus und wate ein Stück ins Meer hinein. Eine halbe Stunde später breche ich in die nahen Hügel auf, um den Falschen Apollo aufzuspüren.

Wer Schmetterlinge beobachten will, muss Zeit haben und sich darauf einstellen, dass der Aufwand oft nicht im Verhältnis zu dem gewünschten Resultat steht. In Jugoslawien, in der Nähe von Split, habe ich mir vor Jahren erfolglos neun Augustnächte um die Ohren geschlagen, um einen Windenschwärmer (*Agrius convolvuli*) vor das Objektiv meiner Kamera zu bekommen. Geduld ist eine Grundvoraussetzung für das Studium von Schmetterlingen in ihren natürlichen Lebensräumen, Forscherglück eine andere.

Und zimperlich sein sollte man auch nicht. Ich habe in den französischen Alpen bedrohlichen, jäh aufzuckenden Blitzgewittern getrotzt, bin nur mit kurzen Hosen und Wanderstiefeln bekleidet der Länge nach in hüfthohe Brennnesselstauden gefallen und in Stacheldrahtzäunen hängengeblieben. Ich bin in Kroatien auf abschüssigen Geröllfeldern gestürzt und habe mir in einem südspanischen Steinbruch eine Gehirnerschütterung zugezogen bei dem Versuch, einem Segelfalter (*Iphiclides podalirius*) nachzustellen. Doch meiner Liebe

zu den Schmetterlingen konnten meine Hautabschür-
fungen, Verstauchungen und Risswunden nicht im
Mindesten schaden. Denn auch für Schmetterlingsjä-
ger gilt, was der Schriftsteller Peter Rühmkorf einst im
Hinblick auf das Schreiben postulierte: „Wer sich nicht
ruiniert für seine Leidenschaft, aus dem wird nichts!"

Mit der Zeit habe ich gelernt, meine Umgebung zu „lesen" und Raupen an den Fraßspuren zu erkennen, die sie als „Fin-
gerabdrücke" an ihren Futterpflanzen
hinterlassen. Lautlos wie die Indianer in
den Cowboyfilmen meiner Jugend bewege ich
mich durchs freie Gelände und schleiche mich an,
um zum Beispiel einen Kaisermantel (*Argynnis paphia*),
diesen prächtigen Liebhaber des Halbschattens, auf einer Distelblüte zu erhaschen. Der Kaisermantel bevorzugt Waldränder und Waldwege, in deren Zwielicht er
mit Vorliebe Distelhaine anfliegt.

Zum erfolgreichen Beobachten gehört oft minu-
tenlanges Stillstehen, das im besten Fall zu einem Verschmelzen mit der Umgebung führt, damit der flüchtige Besucher nicht durch einen unbedachten Tritt auf
einen knackenden Ast in die Flucht geschlagen wird.
Schmetterlinge sind sehr scheu und mit einem feinen Sensorium ausgestattet. Ihre Facettenaugen sind
aus vielen Tausend Augenkeilchen zusammengesetzte
Sinnesorgane, deren Einzelwahrnehmungen sich zu

einem mosaikartigen Gesamtbild vereinigen, das die Entomologen „musivisches Sehen" nennen. Und obgleich der Gesichtssinn von Schmetterlingen nicht besonders gut entwickelt ist und ihre Sicht nur wenige Meter weit reicht, vermögen sie Farben gut zu unterscheiden und selbst kleinste Regungen wahrzunehmen. Schon mein über den Waldboden huschender Schatten reicht aus, um einen Falter, der graduelle Veränderungen der Lichtverhältnisse und Hell-Dunkel-Kontraste sensibel registriert, zu verscheuchen. Die bewimperten, gefiederten, sägezahnartigen, keulen- oder knopfförmigen Fühler, eigentlich Träger des Geruchssinns, sind auch für auch Schall- und Erschütterungsreize empfindlich.

Das nervöse, feinnervige Wesen der Schmetterlinge, die sich in einem latenten Alarmzustand befinden, verlangt ein Maximum an Einfühlungsvermögen, will man ihr Studium mit Gewinn betreiben. Doch nach mehr als 50 Jahren Falterbeobachtung weiß ich ihre Verhaltensweisen zu deuten. Ich kann einen Falter bereits aus großer Entfernung allein daran erkennen, wie er fliegt. Denn so unverwechselbar die Flügelzeichnung jedes einzelnen ist, so spezifisch ist seine Art, sich fortzubewegen. Sogar ein über sonnenwarmes Gemäuer huschender Schatten verrät mir, wer da hinter mir vorbeigeflogen ist. Ihre in Tausenden von Stunden studierten Bewegungen sind mir vertraut: ihre Sturzflüge, ihr

Segeln, Schweben, Gleiten, Flattern und Schwirren. Ich weiß, dass das plötzliche, arttypische Flügelzucken eines Schwalbenschwanzes (*Papilio machaon*), der an einer Schlüsselblume saugt, seinen jeden Moment einsetzenden Weiterflug ankündigt. Und ich kann vorhersagen, wann ein Großer Schillerfalter (*Apatura iris*), der minutenlang über einer vom Sommerregen zurückgelassenen Pfütze auf einem Waldweg kreist, bereit ist, sich an ihrem Rand niederzulassen, um zu trinken. Ich kenne ihre Finten und Tricks, ihre Verstellungen und kleinen Täuschungsmanöver.

Der Falsche Apollofalter, dem ich auf der Spur bin, ist, wie auch sämtliche echten Apollofalter, kein guter Flieger und neigt nicht zu Geschwindigkeitswechseln. Er ist seinem Wesen nach geduldig und gehört zur Gruppe der Stoiker unter den Ritterfaltern. Sein Flug gleicht einem ungelenken Dahintaumeln. Drei, vier Flügelschläge und der Falter sinkt wie betrunken hinab, ehe er sich wieder aufschwingt und weiterflattert. Längere Strecken sind seine Sache nicht. Zudem gilt er als standorttreu. Darin erinnert er an den Baumweißling (*Aporia crataegi*), dessen Flügel ein ähnlich markantes Adergeflecht durchzieht, was leicht zu Verwechslungen mit dem ebenfalls sehr ähnlichen Schwarzen Apollofalter führen kann. Doch während der Baumweißling mit Vorliebe ruhelos weitgestreckte Berghänge erkundet, begnügt sich der Falsche Apollo mit gemächlichen

Rundflügen in eng begrenztem Radius.
Das macht seine Beobachtung relativ
einfach, sofern man seine Reviere kennt.

Die Grundfarbe seiner glasigen Vorderflügel, der sogenannten *Subcosta*, ist ein verwaschenes marmoriertes Weißgrau. Sie wirken transparent und pergamentartig, weil ihre Beschuppung so spärlich ist, als hätten sie diese in schweren Stürmen fast völlig eingebüßt. Die Flügel sind gesäumt von zwei schwarzen, hell durchbrochenen Balken, an deren Enden jeweils zwei orangefarbene Einschlüsse leuchten. Die ungleich helleren, cremefarbigen Hinterflügel werden eingefasst von schwarzen, roten und blauen Punkten, die der Erscheinung des Falschen Apollo etwas Majestätisches verleihen.

Seine dunklen, walzenförmigen und mit rot gepunkteten Querstreifen versehenen Raupen, die denen der echten Apollofalter stark ähneln, fressen an verschiedenen Pfeifenblumenarten der Familie *Aristolochiaceae*, etwa an der Großen oder auch an der Gewöhnlichen Osterluzei, weshalb der *Archon apollinus* auch Osterluzei-Apollo genannt wird. Seine als Jungraupen in Verbänden, später vereinzelt lebenden Raupen zeigen ein für Ritterfalterraupen untypisches Fressverhalten, weil sie das zunächst kunstvoll mit einem Seidenfaden umsponnene Blatt, in dem sie sich vor Fressfeinden verbergen, komplett verzehren, um danach sogleich ein neues Gespinst aus einem anderen Blatt zu erstellen. Ein an sich unnötiger Aufwand, da die Tiere schon durch ihre auffallend bunte sogenannte „Warnfärbung" den Fressfeinden ihre Unverdaulichkeit unmissverständlich anzeigen. Warum sie dieses Versteckspiel trotzdem treiben? Ein bislang ungelüftetes Geheimnis der Natur.

Als ich gegen Mittag die erste Rast einlege, steht die Sonne fast senkrecht über dem Meer. Die Nadelbäume verströmen ihr herbes Narkotikum, das für mich ein Sinnbild des Südens ist, seit ich das erste Mal als 6-Jähriger durch die Pinienwälder Kroatiens gestreift bin. Doch was ich bisher gesehen habe, sind ausschließlich Kohlweißlinge, Rundaugen-Mohrenfalter (*Erebia medusa*) und Distelfalter (*Vanessa cardui*), die auf Samos ihre Zwischenquartiere bezogen haben.

Die eigentliche Heimat der Distelfalter liegt in Afrika, nördlich der Sahara, von wo aus sie im zeitigen Frühjahr in großer Zahl das Mittelmeergebiet aufsuchen, um sich dort fortzupflanzen. Diese emsigen, nimmermüden Wanderer legen riesige Distanzen zurück und sind ab Mitte Mai auch bei uns häufig zu beobachten, wo sie manchmal zwei Nachfolgegenerationen ausbilden. Vom Falschen Apollofalter aber keine Spur.

Am frühen Nachmittag dann, in der Nähe eines terrassenförmig zum Meer hin abfallenden Olivenhains, ist es endlich soweit: Ein männlicher Falter nähert sich. Der Falsche Apollo kommt geradezu verträumt angeflogen, gleitet in dem für ihn typischen Gaukelflug von

Blüte zu Blüte und öffnet und schließt die Flügel, wenn er saugt. In den gängigen Bestimmungsbüchern ist ein Steckbrief dieses Falters nicht zu finden. Auch ich habe lange nichts von seiner Existenz gewusst, bis ich zufällig im Rahmen der Recherche für meinen Roman *Die Chronik des verpassten Glücks* auf Fotos des ungewöhnlichen Hybriden stieß.

Nun genießt das Exemplar ruhig den Nektar, ohne sich an meiner aufdringlichen Anwesenheit zu stören, denn ich wage mich mit meiner Handykamera bis auf wenige Zentimeter heran. Eifrig weidet der Falter die gelben und rosafarbenen Blüten ab – ein Wesen ganz in seinem Element und ich sein staunender Zuschauer! Bis ihn plötzlich eine fühlbar vom Meer heraufkommende Böe erfasst, ihn auf unsichtbaren Wellen davonträgt und die Terrassen hinabwirbelt, wo er auf ebenso zauberische Weise vor dem magisch heraufleuchtenden Meeresblau verschwindet, wie er mir eine Viertelstunde zuvor erschienen war.

In Andorra, am Fuß der Pyrenäen, hätte mich die kopflose Jagd nach einem Hochalpen-Apollos (*Parnassius sacerdos*) fast das Leben gekostet. Viktor und ich hatten Ende der 1970er-Jahre, unweit einer von dichten Eichenbeständen gesäumten Gebirgsschlucht ein wunderbares Exemplar gesichtet. Schnell flatternd hatte es unseren Weg gekreuzt.

Sofort nahmen wir seine Verfolgung auf. Bis an den Rand der engen, sich trichterförmig vor uns öffnenden Schlucht, in deren Tiefe von schätzungsweise 100 Metern ein Gebirgsbach über steinigen Untergrund rauschte. Über den Abgrund führten notdürftig verlegte Baumstämme, welche die beiden Trichterkanten der etwa 20 Meter breiten Schlucht miteinander verbanden. Zweifellos eine reizvolle Herausforderung für erprobte Hochseilartisten – nicht aber für einen 54 Jahre alten Mann, der sich eben von den Folgen eines Herzinfarkts erholt hatte, und einen 14-jährigen Jungen, der bis dahin nicht gerade durch besonderen Mut aufgefallen war.

„Komm!", rief Viktor und sprang beherzt auf den Stamm, in der einen Hand seine brennende filterlose Reval, in der anderen das Fangnetz. „Den kriegen wir!"

„Nein, nicht!", ertönten hinter uns die entsetzten, verzweifelten Rufe meiner Großmutter. „Um Gottes willen! Nein! Stopp, Peter!"

Doch da stand ich bereits, gehorsam wie ich war, wenn Viktor mir etwas befahl, auf dem Stamm und setzte ängstlich ein Bein vor das andere. In der Schlucht das stete Rauschen des Wassers.

„Sieh nicht runter!", rief Viktor und balancierte vor mir scheinbar unbeeindruckt über die Stämme. Dass er Angst gehabt hatte, gestand er mir erst Jahre später.

Sekundenlang war da nur noch das heftige Pochen meines Herzens, das mir bis zum Hals hinauf schlug und den Atem nahm. Über mir der strahlend blaue, gleichgültige Himmel. Unter mir der reißende Bach. Und hinter mir die Schreie meiner Großmutter. Die letzten paar Meter hinüber legte ich wie in Trance zurück.

Den Apollo haben wir übrigens erwischt, er war lange eines der Prunkstücke meiner Sammlung. Doch stärker als der Fang ist mir bis heute der gefährliche Balanceakt in Erinnerung geblieben. Wir hätten beide umkommen können.

„Macht das *nie* wieder!", sagte meine Großmutter hinterher im Wagen. „*Nie wieder*! Habt ihr verstanden?"

Wir versprachen ihr, zukünftig vorsichtiger zu sein. Gehalten haben wir unser Versprechen natürlich nicht. Das Ganze ist inzwischen mehr als 40 Jahre her. Viktor und meine Großmutter leben nicht mehr. Und meine Sammlung habe ich vor Jahren verschenkt.

An diesem ersten Nachmittag auf Samos aber erlebe ich wieder, was keiner je so treffend und betörend beschrieben hat wie der große russische Schriftsteller Vladimir Nabokov. Der Autor von *Lolita* wohnte mit seiner Frau Vera fast 16 Jahre lang in dem mondänen Hotel „Montreux Palace" am Genfer See. Von dort brach er mit den ersten wärmeren Tagen des Jahres in die nahen Berge auf, sein Fangnetz in der Hand. Anfang der 1970er-Jahre, notierte er: „Und am meisten genieße ich die Zeitlosigkeit, wenn ich – in einer aufs Geratewohl herausgegriffenen Landschaft – unter seltenen Schmetterlingen und ihren Futterpflanzen stehe. Das ist Ekstase, und hinter der Ekstase etwas anderes, schwer Erklärbares. Es ist wie ein kurzes Vakuum, in das alles strömt, was ich liebe."

Das Besondere, das Schmetterlingsbeobachter seit Jahrhunderten immer neu elektrisiert, ist im Grunde unsagbar. Nabokov, der Zauberer, kam diesem eigentlich Unaussprechlichen mit seinen Worten so nah wie kein Zweiter.

Zufrieden trete ich den Rückweg ins Hotel an. Morgen, so nehme ich mir vor, werde ich in die Hügel zurückkehren, um weitere Apollos aufzuspüren.

MEISTER
DER
NAVIGATION

Apostolos Fotakis ist für die Instandhaltung und die Reinigung und Pflege der Außenanlage des „Kerveli Village" zuständig. Er trägt durchgewetzte, ausgebleichte Latzhosen, darunter ein helles T-Shirt. An den Füßen leichte, ebenfalls blaue Segeltuchschuhe, auf dem Kopf eine Schirmmütze, die sein faltiges Gesicht ein Stück weit verschattet. „Schmetterlinge machen mir Angst!", sagt Apostolos und sieht mich skeptisch an, als ich ihm erzähle, was mich nach Samos geführt hat. „Ich mag ihr Geflatter nicht. Ist mir irgendwie unangenehm."

„Aber wieso denn?", erwidere ich. „Schmetterlinge sind die harmlosesten Wesen überhaupt."

„Vielleicht. Ich finde sie ja auch schön, aber ich will nicht, dass sie mir zu nahe kommen! Außerdem heißt es, sie verkörpern die Seelen der Toten! Hab ich jedenfalls mal irgendwo gehört", beharrt Apostolos auf seiner Sicht der Dinge.

„Die Mexikaner glauben das von den Monarchfaltern!", sage ich und sofort treten mir die Millionen von schwarz-orangenen *Danaus plexippus* vor Augen, die alljährlich im Oktober, am Tag der Toten, in die mexikanische Sierra einfallen und dort ein einzigartiges Naturschauspiel vollführen.

Wenn die Falter im Bergwald von Mexiko eintreffen, haben sie eine bis zu 4000 Kilometer lange Reise hinter sich. Viele kommen nicht an, fallen unterwegs Stürmen und Wolkenbrüchen zum Opfer. Die meisten der kleinen Wanderer stammen aus dem Mittleren Westen, aus Neuengland und sogar aus Kanada. Lange hat man darüber gerätselt, wie die Falter Jahr um Jahr aufs Neue ihr Ziel finden. Ob sie irgendwelchen geheimen Navigationshilfen folgen. Oder ob ihnen die Route in die mexikanische Sierra Nevada womöglich seit Jahrtausenden in ihren genetischen Code eingeschrieben ist.

2014 gelang es dem Chicagoer Genforscher Marcus Kronfort, das Geheimnis der Monarchfalter teilweise zu entschlüsseln. Mithilfe aufwendiger Gen-Sequenzierungen entzifferten er und seine Mitarbeiter das Erbgut von 101 Faltern und blickten auf ihrer Suche nach Antworten zwei Millionen Jahre zurück, bis zu jenem Punkt, an welchem nach heutigem Stand der Forschung die Ahnen der Monarche erstmals aufgetreten sind, und zwar in Lateinamerika.

Was sie dabei herausfanden, ist ebenso faszinierend wie banal: Ausgestattet mit einem ureigenen Wandertrieb verfügen bestimmte, nicht sesshafte Exemplare über einen ganz erstaunlich belastbaren Muskelapparat, der es ihnen ermöglicht, extrem weite Strecken zurückzulegen. Da die Monarchfalter-Raupen ausschließlich Seidenpflanzen verspeisen, richteten diese Falter von einem gewissen Zeitpunkt an ganz selbstverständlich ihre Flugziele nach deren Standorten aus – und die Besiedlung pflanzenreicher Regionen wie etwa der amerikanischen Prärie begann.

Die Forscher verglichen nun Tiere an verschiedenen Orten. Dabei zeigte sich, dass ein sogenanntes Collagen-Gen eine wesentliche Rolle bei der Ausbildung ihrer Flugmuskeln spielt. Standorttreue Falter, so fand Kronfort heraus, flattern zwar kräftig, aber sehr energieaufwendig. Ihre wandernden Artgenossen dagegen gehen mit ihrer Energie deutlich sparsamer um. Ihr effizienter Flugstil ermöglicht es ihnen, riesige Strecken zurückzulegen. Wie die Tiere allerdings über mehrere Tausend Flugkilometer hinweg ihr Ziel finden, das ließ sich anhand des Erbguts nicht herausfinden. Wahrscheinlich folgen die Falter tatsächlich einer Art innerem Navi, einer ihrer Art offenbar fest einprogrammierten Reiseroute.

„Interessant, was Sie da erzählen, auch wenn ich nur die Hälfte verstanden habe!" Apostolos schiebt seine Mütze ein Stück aus der glänzenden Stirn und stützt sich auf seinen Besen.

„Ja", sage ich. „Sie sind wahre Meister der Navigation!"

„Scheint so", bekennt er, zieht die Mütze wieder tiefer in das Gesicht, packt seinen Besen und stampft ungeduldig damit auf. Seine sonnengebräunte Haut ist durchzogen von winzigen Falten und seine Lippen sind aufgesprungen, als sei er lange Zeit durch hitzeflirrende

Ebenen gewandert. Doch seine wasserblauen Augen lassen ihn seltsam alterslos erscheinen.

„Ich geh jetzt wieder raus in die Phrygana und schaue mich um. Und heute Abend erzähle ich Ihnen, was ich alles gesehen hab, okay?", verspreche ich, als legte er Wert auf meine Berichte. „So, wie Vladimir Nabokov es immer gemacht hat, wenn er von seinen Fangzügen ins Montreux Palace zurückkehrte, in die Hotelbar La Rose d´Or ging und dem Barkeeper Antonio Triguero seine Fundstücke präsentierte."

„Okay", sagt Apostolos und lächelt verlegen.

„Kennen Sie Nabokov?", frage ich noch.

„Nein", gesteht Apostolos, „leider nicht."

Ich ziehe die Krempe meines Panamas tiefer in die Stirn und laufe los. Es muss die Erinnerung an die italienische Riviera gewesen sein, an der Nabokov als Kind die Ferien verbrachte, die ihn dazu bewog, sich in den 1960er-Jahren am Genfer See niederzulassen. Nach zwanzigjähriger Lehrtätigkeit in den USA und dem Erfolg seines Romans *Lolita*, der ihm fortan eine gewisse finanzielle Unabhängigkeit garantierte, war der am 23. April 1899 als ältester Sohn einer wohlhabenden St. Petersburger Familie geborene Schriftsteller 1961 seinen großen schreibenden Landsleuten gefolgt und wie Gogol, Dostojewski oder Tolstoi an die „Perle de la Riviera Suisse" übergesiedelt. Die mediterrane Fauna versprach dem passionierten Schmetterlingssammler aufregende Stunden.

„Wenn er von seinen Ausflügen zurückkehrte, ließ er uns regelmäßig seine Fänge begutachten", erinnerte sich Antonio Triguero vor Jahren in einem Gespräch mit mir an den mit Shorts, Bergstiefeln, Kniestrümpfen und einem Regencape bekleideten Nabokov, dessen Leben bis zuletzt im Zeichen der Schmetterlinge, des Schachspiels und des Schreibens stand.

Nabokov liebte die Schweiz, liebte ihre alpinen Wiesen mit den nur dort fliegenden Faltern und die spektakulären Sonnenuntergänge, die er vom Balkon seines Seeblickapartments aus beobachten konnte. In ihrem Verlangen nach Anonymität und Diskretion hatten die Nabokovs nach ruhelosen Jahren in Berlin, Paris und Amerika in Montreux einen Platz gefunden, der ihnen sowohl die Nähe zu ihrem einzigen Sohn Dmitri als auch jenes Umfeld bot, das Beschaulichkeit und Kontinuität versprach. Und sofort war der Dichter von den charakteristischen Gegensätzen der Region gefangen: hier die alpine Grandezza von Montreux und die Lieblichkeit der Schweizer Riviera, dort die Herausforderungen, die sich dem passionierten Lepidopterologen Nabokov auf stundenlangen Jagden stellten. Man kann sich leicht vorstellen, wie er entlang der Berghänge geschritten sein muss, auf der Jagd nach einem Schwarzen Apollofalter.

Die Sonne hat inzwischen fast wieder ihren höchsten Punkt erreicht. Zwischen den knorrigen Bäumen flattern mehrere Kleine Kohlweißlinge über die Blüten. Wenn ich Glück habe, zeigen sich wieder ein paar Falsche Apollos. Schön wäre auch die Begegnung mit einem Südlichen Zitronen- oder Kleopatra-Falter (*Gonepteryx cleopatra*). Dieser ähnelt in Erscheinungsform, Spannweite (50 bis 55 Millimeter) und Größe sehr dem klassischen Zitronenfalter (*Gonepteryx rhamni*), wie wir ihn aus unseren Feldern und Wiesen kennen. Doch im Unterschied zu seinem nächsten Verwandten sind die Vorderflügel des Kleopatra-Falters leuchtend orange gefärbt.

Vorsichtig taste ich mich durch die Phrygana, denn im kniehohen Dickicht verborgen lauern Schlangen: Sandboas, Ringel- und Balkanspringnattern, aber auch sogenannte „Wurmschlangen" wie das Blödauge, die allerdings nur nach starken Regenfällen an die Oberfläche kommen, um Ameisen zu jagen. Phrygana nennen die Griechen das niedrige, immergrüne Busch- und Strauchwerk, das große Teile von Samos und anderer Mittelmeeranrainer überzieht. Die hüfthohen holzigen Sträucher sind durchsetzt von zahlreichen Kräutern wie Wacholder, Oregano, Lavendel oder Majoran, deren intensive Düfte sich über den Hügeln halten. Vielen Schmetterlingsarten dienen die oft dornigen Büsche als Futterpflanzen.

Tatsächlich ist es wieder genauso, wie es der britische Schriftsteller John Fowles in seinem berühmten Roman *Der Sammler*, der in meinem Hotelzimmer auf dem Nachttisch liegt, beschrieben hat: „Und dann war es plötzlich soweit, so wie es einem mit den Schmetterlingen passiert. Man geht an eine Stelle, von der man weiß, es könnte dort höchst seltene Exemplare zu sehen geben, sieht aber nichts. Und wenn man gar nicht mehr darauf gefasst ist, stolpert man beinahe drüber." Denn auf einmal erscheint wie aus dem Nichts ein prächtiger Südlicher Schwalbenschwanz (*Papilio alexanor*) zwischen den Bäumen und ich halte wie elektrisiert in meiner Vorwärtsbewegung inne. Bislang kannte ich diesen Schmetterling nur aus Filmen und von Aufnahmen her.

Der Südliche Schwalbenschwanz ist einer, der es gern warm und trocken hat. Am liebsten besucht er sonnige, blumenreiche Hänge, durchsetzt mit schroffen Geröllflächen. In den frühen Morgenstunden kann man diesen am Tag schnell und unruhig fliegenden Falter starr und mit reglos ausgebreiteten Flügeln auf Blumen sitzend vorfinden. Dann sind beide Fühler in Verlängerung seines schlanken Körpers reglos und parallel zueinander wie Antennen ausgestreckt. Normalerweise fliegt der Falter nur in einer Generation zwischen Mai und Juli, weshalb es sich bei diesem Tier um ein Exemplar handeln muss, das überwintert hat und von der Wärme vorzeitig aus seinem Versteck gelockt wurde.

Genau betrachtet wirkt der Südliche Schwalben-schwanz wie eine Kreuzung aus dem weiter verbreiteten klassischen Schwalbenschwanz, wie wir ihn in Deutsch-land kennen, und dem Segelfalter, den man vereinzelt im Oberrheintal, an der Mosel, an der Nahe und im Raum Würzburg antreffen kann. Manchmal übrigens schon im März, wenn die Temperatur wohlige 20 Grad erreicht und der Schöngeist sich im warmen, offenen Gelände und am Rand von Steppenheidewäldern zeigt.

Auf den sonnengelben Flügeln des *Alexanor* finden sich sowohl die für den klassischen Schwalbenschwanz typischen gelben, schwarz abgesetzten Farbquadrate als auch die für den Segelfalter charakteristischen, keilförmigen schwarzen Längsstreifen, die seine Vor-derflügel von ihren vorderen Außenrändern einwärts durchziehen.

Meinem ersten Schwalbenschwanz bin ich im Kin-derheim in Stadtprozelten begegnet, wo ich meine ers-ten fünf Lebensjahre verbrachte. Es war 1963 und ich ge-rade vier Jahre alt. Doch die Erinnerung an den großen senfgelben Falter mit den langgezogenen Spitzen, die den Schwanzfedern von Schwalben ähneln, ist nun, da ich durch das Hinterland von Samos streife und seinen südlichen Verwandten betrachte, so präsent, als müsste ich mich nur kurz umdrehen und alles wäre wieder zum Greifen nah: der weißgetünchte langgestreckte Bau, mit den Schlafräumen, die zum Speisesaal hin abfallenden karminroten Treppenstufen, das durch die dichten Pinienkronen brechende Vormittagslicht eines Sommertages und natürlich die purpurfarbenen Veilchenrabatten, die den Treppenabgang säumten. Darauf saß der mir in meiner Erinnerung plötzlich riesig erscheinende Schwalbenschwanz – ein Wesen, wie mit Buntstiften auf ein violettes Stück Papier gemalt. Die reinste Schönheit! Müsste ich ein persönliches Wappentier benennen, wäre es zweifellos der Schwalbenschwanz.

Später las ich in Nabokovs Autobiografie *Erinnerung, sprich*, dass auch bei ihm alles mit einem Schwalbenschwanz begann, der sich in sein Zimmer in St. Petersburg verirrt hatte. Als seine Mutter eines Morgens eintrat und die schweren Vorhänge beiseitezog, um ihren Sohn zu wecken, flatterte der Schwalbenschwanz plötzlich aufgeregt durchs Zimmer und der zehnjährige Vladimir war spontan verzaubert von seinem stummen Gast.

Wenn ich im Kinderheim die Treppenstufen hinablief, den Falter im Augenwinkel registrierte und innehielt, war ich gebannt von so viel Anmut. Seither kehren mit schöner Regelmäßigkeit die Erinnerungen an damals zurück, sobald ich einem Schwalbenschwanz begegne.

Der handtellergroße *Alexanor*, nun keine Armlänge mehr von mir entfernt, besitzt die Nervosität aller

Schmetterlinge der Gattung *Papilio*, die bei der leisesten Störung davonjagen. Anders als der Segelfalter, der gern die Thermik nutzt und sich nur unterstützt von gelegentlichen Flügelschlägen wie schwerelos hinab in die Ebenen tragen lässt, ist der Südliche Schwalbenschwanz ein schneller, hektischer Flieger. Zudem ist er ein überzeugter Einzelgänger.

Seine Raupe ernährt sich genau wie die des *Papilio machaon* von Dill, wildem Kümmel und Fenchel, weicht aber in ihrer Grundfärbung insofern von dieser ab, als sie deutlich blasser erscheint und manchmal sogar in gelben Varianten auftritt, allerdings ebenfalls durch die vom *Machaon* bekannten schwarzen Ringe segmentiert. Darin erinnert sie auch an ihre amerikanische Verwandte, die Raupe des in Süd- und Nordamerika beheimateten Schwarzen Schwalbenschwanzes (*Papilio polyxe*-nes), die ins Hellgrüne spielt und nur noch rudimentär die dunklen Segmentringflecken aufweist.

Kreuzt ein Weibchen die Flugbahn eines männlichen Südlichen Schwalbenschwanzes, lässt sich dieser gern spontan zu einem sonst vor allem für den Segelfalter typischen Balzverhalten verführen, das „Hilltopping" genannt wird. Dabei umkreisen sich die gemeinsam schnell aufsteigenden Falter manchmal minutenlang, bis sie plötzlich voneinander ablassen, abzustürzen scheinen und in entgegengesetzte Richtungen schnell davonfliegen.

Ganz vorsichtig nähere ich mich dem Falter noch ein Stückchen. Durch die Überwinterung ist seine Färbung erkennbar ausgebleicht. Während er seinen langen fadendünnen Rüssel in die Blütenkelche taucht, geht immerzu, wie durch schwache elektrische Impulse verursacht, ein rhythmisches Zucken durch seinen Leib.

In seinen stecknadelkopfgroßen schwarzen Facettenaugen spiegelt sich die hoch stehende Sonne als winziger Lichtreflex, so als lenke sie jede seiner Bewegungen wie der Leitstrahl ein Passagierflugzeug beim Landeanflug. Dann streicht ein kurzer Hauch warmer Luft über die Hügel und der Falter hebt ab und lässt sich weitertragen.

In den Besitz meiner ersten Schwalbenschwanz-Puppe gelangte ich durch einen fragwürdigen Handel, der erfreulicherweise unentdeckt blieb: Ich stahl ein paar alte und wahrscheinlich ziemlich wertvolle Thurn-und-Taxis-Briefmarken aus dem Album meines kurz zuvor gestorbenen Großvaters und überließ sie einem älteren Freund, der ebenfalls sammelte und sich genau wie ich für Schmetterlinge und Raupen interessierte.

46

Im Gegenzug händigte er mir seine Schwalbenschwanzpuppe aus, um die ich ihn tagelang beneidet hatte. Ein schlechtes Geschäft, wie sich bald herausstellen sollte, denn die Puppe war ausgetrocknet. Es würde nie ein Falter aus ihr schlüpfen.

Jahrzehnte später habe ich in der Schweiz ein intensives Studium dieser Art von der Raupe bis zum Falter betrieben. Die Raupen des Schwalbenschwanzes, die von den Schweizern verniedlichend „Rübli-Raupen" genannt werden, sind dort noch in vergleichsweise großer Zahl zu finden, während in Deutschland die Bestände stark zurückgegangen sind. Wenige Wochen nachdem ich in einer Großgärtnerei in Untersiggental, einem Dorf unweit der Kurstadt Baden, ein gutes Dutzend „Rübli-Raupen" von Fenchelsetzlingen abpflücken durfte, entließ ich gemeinsam mit meinen beiden kleinen Töchtern die ersten frisch geschlüpften Schwalbenschwänze vom Balkon unserer Wohnung in die Freiheit. Meine Töchter hatten stundenlang gemeinsam vor den Zuchtbehältern gesessen und zugesehen, wie die Raupen sich verpuppten. Inzwischen sind die beiden fast erwachsen, die Schwalbenschwänze aber sind, wie sie mir erst kürzlich wieder versicherten, ein unauslöschlicher Teil ihrer Erinnerungen an die Schweiz.

Nach einem anstrengenden Fußmarsch durch die küstennahen Pinienwälder setze ich mich auf einer weitläufigen Lichtung ins kniehohe Gestrüpp, esse eine Kleinigkeit und trinke Wasser. Über mir kreisen kleinere Greifvögel in engen Schleifen, um jeden Moment hinabzustoßen und ihre Beute zu packen. Von der schmalen Schotterstraße, die sich landeinwärts durch die Hügel zieht, dröhnt gedämpft das Brummen eines LKW herüber und vom Meer, das stellenweise blau zwischen den dicht stehenden Baumstämmen aufleuchtet, strömt ein salziger Hauch herauf.

SPIELER UND VERSTECK-SPIELER

Während ich so dasitze und sinniere, wird von einer vom Meer heraufkommenden Böe ein Admiral (*Vanessa atalanta*) zwischen den Büschen hervorgewirbelt und lässt sich ein paar Meter von mir entfernt nieder. Auch er ist ein Wanderer, dem man ähnlich dem Distelfalter das ganze Jahr hindurch in Mitteleuropa begegnen kann. Diesen eindrucksvoll gezeichneten Falter, der zu den häufigsten Edelfaltern überhaupt zählt, unterscheiden drei Wesenszüge grundsätzlich von seinen Verwandten: die Bereitschaft, auch bei Regen zu fliegen, seine mangelnde Scheu und vor allem ein ausgeprägter Spieltrieb. Denn so unglaublich das klingen mag: Es ist möglich, mit dem Admiral in Beziehung zu treten, mit ihm zu interagieren, ja, regelrecht zu spielen. Ich habe es schon öfter ausprobiert und auch dieses Mal gelingt es mir, den Falter auf mich aufmerksam zu machen.

Seine Zutraulichkeit macht den Admiral zu einem entomologischen Sonderling. Er ist zweifellos der kontaktfreudigste unter den Edelfaltern und scheint die Interaktion mit dem Menschen manchmal gezielt zu suchen, indem er diesen neckt und foppt und immer wieder derart direkt und ungeniert anfliegt, als wollte er ihm damit bedeuten: „Na los, spiel mit mir!"

Lässt man sich darauf ein, entsteht eine bewusste Kommunikation, wie man sie von der Beizjagd oder von Vogelflugschauen kennt, bei denen der Falkner den Greifvogel unter Einsatz bestimmter Befehle, Direktiven und Zeichen abrichtet. Dem Admiral genügt der demonstrativ hingestreckte Arm, um ihn zum Anflug und zur Landung aufzufordern. Fasst der Falter Vertrauen, reagiert er bald auf verschiedene Kommandos und landet wie gewünscht mal auf der rechten, mal auf der linken Hand. Und auch diesmal spiele ich mit dem Admiral mehrere Minuten lang, während er sich abwechselnd auf meinen Händen und Schultern und zuletzt auf meinem Kopf niederlässt. Immer wieder geht er auf meine Signale ein. Doch warum tut er das? Um sich sein Gegenüber getreu der Maxime „Angriff ist die beste Verteidigung" vom Leib zu halten?

Wer in die Welt der Schmetterlinge vordringt, begegnet darin nicht nur Spielern, sondern auch raffinierten Versteckspielern, die es verstehen, sich mit Hilfe gezielter Mimikry, Maskeraden und Finten vor Fressfeinden zu schützen. Ihre unterschiedlichen Strategien haben im Grunde alle das gleiche Ziel: Das eigene Überleben bis zur Fortpflanzung zu sichern, die der Arterhaltung dient.

Die am Amazonas vorkommenden Arten der Gattung *Heliconius* etwa gehen so weit, eine ganze Reihe voneinander abweichender Flügelmuster auszubilden, um gezielt andere Arten nachzuahmen, zum Beispiel jene der Gattung *Melinaea*, die von vielen Beutegreifern als ungenießbar erachtet werden. Es handelt sich in der Regel um auffallend bunt gezeichnete Tiere, Falter oder Raupen mit einer Warnfärbung, die ihren Feinden signalisieren: „Achtung, ich bin giftig!" Schon durch die Mutation nur eines einzigen Gens verändert sich die Gestalt des Falters in solchem Maß, dass dieser aus dem Beuteschema seiner Fressfeinde herausfällt.

Diese Form der Verwand-  lung ist den europäischen Verwandten der *Heliconius*- Arten zwar fremd, doch auch bei ihnen ist die Bandbreite an Täuschungen und Verstellungen beachtlich. Dazu zählt die Selbstmimikry, bei welcher Falter mit auffallenden Flügeldetails aufwarten, ihre Feinde irritieren und sie im besten Fall in die Flucht schlagen. Häufig vermitteln effektvolle Augenflecke angreifenden Vögeln den Eindruck, ihr Gegenüber starre sie an. Als Beispiel ist allen voran das Tagpfauenauge zu nennen, dessen vier markante Augenflecke die Angreifer erschrecken, wenn es seine Flügel plötzlich aufklappt. Das dadurch verursachte Zögern des Feindes bietet dem Schmetterling die Möglichkeit zur Flucht. Doch selbst wenn diese misslingt, steigert das Tier immerhin seine Überlebenschancen, weil es dabei die Attacke des Jägers auf seine Flügel lenkt und womöglich verletzt wird, aber noch lebend entkommt. Auch das ebenfalls in Europa beheimatete Abendpfauenauge (*Smerinthus ocellata*), das seine sehr ausgeprägten blauen Augenflecke tagsüber unter unscheinbaren braunen Vorderflügeln verborgen hält, sowie die tropischen Eulenfalterarten nutzen diesen Trick erfolgreich.

Andere Falter verschrecken ihre Feinde durch ihr gesamtes Erscheinungsbild. Die in unseren Breiten häufig vorkommende Gammaeule (*Autographa gamma*) etwa hat schiefergrau marmorierte Flügel, die jeweils ein markanter Augenfleck ziert. Dadurch entsteht der Eindruck eines Hundekopfs, dessen silbrig leuchtende Augen den Betrachter direkt anblicken. Dieses Aussehen trug der Gammaeule im Volksmund die Bezeichnung „Hundekopfmotte" ein.

Eines ähnlichen Effekts bedienen sich die drei Ordensband-Arten der Gattung *Catocala*, insbesondere das Blaue Ordensband (*Catocala fraxini*), das eine Spannweite von 100 Millimetern erreichen kann und als größter einheimischer Eulenfalter gilt. Fühlt sich der aufgrund seiner graubraunen Oberflügelzeichnung bestens getarnte Falter, der gern an herabgefallenen Früchten saugt und erst mit Einbruch der Dämmerung aktiv wird, bedroht, spreizt er ruckartig die Flügel, um seine von einer leuchtend blauen Binde durchzogenen

Hinterflügel zu entblößen. Dies wirkt zuverlässig abschreckend auf Vögel. Manche Artgenossen stellen sich stattdessen tot, lassen sich ins Gras fallen und verharren unbeweglich, bis die Gefahr vorüber ist.

Als weit verbreitete, lebensrettende Maßnahme gilt im Reich der Schmetterlinge und Raupen die Kunst der Tarnung. Viele Falter ahmen deshalb welke Blätter nach. Andere, zum Beispiel der Windenschwärmer oder der Große Eichenspanner (*Hypomecis roboraria*), passen sich der Färbung eines bestimmten Untergrunds so vollkommen an, dass es selbst versierten Sammlern mitunter schwerfällt, sie zu erkennen. Die Raupe der Forl- oder Kieferneule (*Panolis flammea*) macht gekonnt die Nadel einer Kiefer nach, an der sie frisst, bis sie ihr zum Verwechseln ähnlich sieht. Die grauen Raupen der Ordensbänder schmiegen sich so geschickt an die Ästchen der Zitterpappeln, dass sie regelrecht eins mit ihnen werden. Und die Raupe des Silberfleck-Zahnspinners (*Spatalia argentina*) gleicht dank ihrer Färbung und Körperhaltung derart täuschend den Ästen der Stieleiche, deren Blätter sie verzehrt, dass ein ungeübter Betrachter sie unweigerlich für einen Zweig halten muss. Nicht minder erstaunlich ist, wie die gekrümmte Raupe der Roseneule (*Thyatira bátis*) Vogelkot imitiert, mit dem Resultat, dass ihre Fressfeinde sie unmöglich davon unterscheiden können. Unter den europäischen Edelfaltern gelten der Ockerbindige Samtfalter (*Hipp-*

archia semele) oder die an der kroatischen Felsenküste stark verbreitete Berghexe als wahre Meister der Tarnung, weil sie mit den steinigen Geröllfeldern, über denen sie gern fliegen, gleichsam verschmelzen.

Dagegen wirkt der Admiral, der inzwischen in eleganten Flugschleifen über den blühenden Büschen kreist, provokant und geradezu furchtlos. Einer, der sich offenbar die allergrößte Mühe gibt, gesehen zu werden. Lange bleibt er in meiner Nähe, bis er sich schließlich auf die Suche nach neuen Herausforderungen begibt.

Mit den Admiralen verbindet mich ein Erlebnis, an das ich mich nur ungern erinnere. Kurz vor ihrem Tod stand ich mit meiner Großmutter hinter ihrem Haus in dem kleinen Obstgarten. Es war Herbst. In der kühlen, trockenen Luft wehten Spinnweben und im Gras lagen heruntergefallene und bereits gärende Kläräpfel. Es roch würzig wie auf einer Apfelplantage. Meine Großmutter war damals 82 Jahre alt und hatte mein Interesse an den Schmetterlingen von Anfang an begleitet. Ich hatte sie gerufen, um ihr die Admirale auf den gärenden Früchten zu zeigen. Eine Weile verfolgten wir das Schauspiel, bis sie bei dem Versuch, einen Apfel aufzuheben, mit der Fußspitze im feuchten, ungemähten Gras hängenblieb, ungebremst nach vorn fiel und mit der Stirn gegen einen Baumstamm schlug. Von dem Sturz trug sie eine stark blutende Platzwunde davon, die genäht werden musste.

„Weißt du noch?", sagte ich, als ich, kurz bevor sie starb, an ihrem Krankenhausbett saß und die Narbe berührte, die seither ihre Stirn zierte.

„Na klar!", antwortete sie lächelnd. „Daran sind die Admirale schuld!"

Am Nachmittag versinkt die Sonne allmählich hinter den Baumwipfeln. Immer wieder drehe und wende ich beim Gang durch das Unterholz vorsichtig die Blätter der Sträucher um, suche nach Fraßspuren. Am Stamm einer Pinie entdecke ich einen ruhenden Frühlings-Wollafter (*Eriogaster lanestris*). Die vorwiegend nachtaktiven Falter, die zur Familie der Glucken (*Lasiocampidae*) gehören, schlüpfen oft schon im Februar aus den überwinternden Puppen. Manche von ihnen verbleiben für ganze fünf Jahre in ihren wetterfesten, schützenden Kokons – eine kleine Ewigkeit, wenn man bedenkt, dass etwa Tagpfauenaugen nach nur 14 Tagen voll entwickelt ihre Puppen verlassen.

Die mit einer Spannweite von 20 bis 35 Millimetern eher kleinen Frühlings-Wollafter erinnern in ihrer Erscheinungsform stark an deutlich größere Artverwandte wie die Kupferglucke (*Gastropacha quercifolia*) oder den Brombeerspinner (*Macrothylacia rubi*). Was mich schon lange fasziniert, sind ihre schwarz grundierten, mit weißen, antennenartigen Haaren und ziegelroten, samtigen Kurzhaarpaketen besetzten Raupen, die an Hängebirken, Salweiden und bestimmten Weißdornarten anzutreffen sind.

Bis zur letzten Häutung leben diese Raupen ähnlich wie die des Pinien-Prozessionsspinners (*Thaumetopoea pityocampa*) in Gruppen zusammen und bewohnen weithin sichtbare, beutelförmige Gespinste, die in lichten Baumkronen befestigt sind. Danach vereinzeln sie und verpuppen sich in pudrig bestäubten, eiförmigen braunen Kokons.

Ähnlich wie beim deutlich heller gefärbten Hecken-Wollafter (*Eriogaster catax*), dessen Vorderflügel gelbbraun und an den Flügelsäumen braunviolett gefärbt sind, thront auch bei dem Frühlings-Wollafter vor mir am Pinienstamm in der Flügelmitte der für die Gattung charakteristische helle Punkt. Seine Flügel ziert an der Basis aber noch ein zweiter heller Fleck, der ihn gegenüber seinen Artverwandten unverwechselbar macht. Der selten gewordene Falter ist aufgrund seiner rostroten, kontrastreich gezeichneten Flügel, die er in Ruhestellung eng zusammenschiebt, sodass sie eine Art Dach bilden, hervorragend vor Fressfeinden getarnt und nur schwer auszumachen.

Die Freude über diesen seltenen Fund ist zu schön, um sie nicht zu teilen. Also lege ich behutsam meine Hand um den schläfrig wirkenden Nachtfalter und befördere ihn vom Blatt in die Sammelbüchse aus meinem Rucksack. Bevor ich ihn am Abend wieder aussetze, will ich ihn Apostolos zeigen, weshalb ich mich sogleich auf den Rückweg zum Hotel mache.

„Sehr schön!", sagt der Alte in einer Mischung aus höflichem Respekt und erkennbarer Abneigung. Als ich ihm anbiete, das zarte Tier auf die Hand zu nehmen, weicht er reflexartig zurück. „Oh, nein, bitte nicht!"

„Ok, schon gut." Ich lache verständnisvoll. *„Mechri avrio*, bis morgen!", verabschiede ich mich und sehe zu, wie Apostolos in seinen staubverkrusteten Laster steigt, mir zuwinkt und knatternd davonfährt.

Dabei muss ich wieder an Antonio Triguero, den Barkeeper des „Montreux Palace" denken, der sich von Zeit zu Zeit in seinen nachtblauen Citroen setzt, um hinüber zum nahen, am Hang gelegenen Friedhof von Clarens zu fahren und Blumen an das Grab der Nabokovs zu legen. In ihm fand Nabokov bis zuletzt einen verständigen Zuhörer.

„Monsieur Nabokov und Madame Vera sind immer so freundlich gewesen", sagte er während meines

Besuchs in Montreux zu mir, wobei ein Leuchten seine kleinen hellen Augen erfasste. „Und so einfach, so unkompliziert. Ein wundervolles Paar." Anschließend erzählte er mir von den ausgedehnten Teestunden der beiden in der „Salle de Musique" und den verschwiegenen, dann und wann von heiterem Gelächter begleiteten Treffen des Dichters mit seiner aus dem nahen Genf herübergekommenen Schwester Elena. Viele Sonntagnachmittage verbrachte Nabokov im Kreis seiner Freunde, zu denen der Verleger Heinrich Maria Ledig-Rowohlt und der Pianist Nikita Magaloff ebenso zählten wie der Amerikaner James Mason, der in Stanley Kubricks berühmter *Lolita*-Verfilmung den in die gleichnamige Nymphe vernarrten Humbert Humbert spielte. „Das Äußerste, was Monsieur Nabokov sich gönnte", besann sich Antonio, „war gelegentlich ein Glas Campari. Aber da musste er schon ganz besonders gut gelaunt sein!"

Immer wieder unterbreite ich Apostolos in den folgenden Tagen meine neuesten Funde und jedes Mal nickt er auf seine etwas distanzierte Art anerkennend. Als ich zehn Tage später aus dem „Kerveli Village" auschecke, um meine Reise quer durch

59

Europa fortzusetzen, steht Apostolos auf dem Parkplatz und winkt mir überschwänglich, während ich ins Taxi steige, das mich zum Flughafen „Aristarchos" bringen wird. Geduldig hat sich der Alte meine kleinen Erzählungen über die Falter und Raupen angehört. Wirklich bekehren aber konnte ich ihn nicht.

VON
BLUTTRÖPFCHEN
UND KLEINEN
KANNIBALEN

Die kleine „Olympic-Air"-Maschine, die gerade einmal 37 Reisenden Platz bietet und heute nur zur Hälfte gefüllt ist, bringt mich in einem ruhigen, knapp einstündigen Flug von Samos nach Athen. Nachmittags nehme ich vom dortigen Hauptbahnhof den Zug nach Patras. In der Hauptstadt Westgriechenlands erwartet mich um Mitternacht die Fähre nach Venedig.

Der neue Hafen von Patras, der 2011 seinen Betrieb aufgenommen hat, gilt als Griechenlands Tor zu Europa. In engem Takt verkehren Fähren nach Italien. An diesem Tag liegt die 220.000 Einwohner zählende Stadt unter dichten Wolkenschleiern und als ich am frühen Abend zum Hafen laufe, beginnt es zu regnen. Auf dem Weg kaufe ich in einem Elektroladen zwei mobile 10-Watt-LED Leuchten, denn in der Toskana, in Volterra, wohin ich unterwegs bin, möchte ich damit die in der Dämmerung fliegenden, nachtaktiven Falter aus der Familie der Schwärmer (*Sphingidae*) anlocken. Im Frühling bietet das Tal der Elsa mit seinen üppigen Pinienwäldern und einer artenreichen Vegetation einer Fülle von tag- und nachtfliegenden Faltern ein optimales Entwicklungsklima.

Als die Fähre „Hellenic Spirit" um kurz nach Mitternacht auf das offene Meer zuhält, ertönen noch eine Zeit lang die Schreie der uns unsichtbar im Kielwasser folgenden Möwen. Nach und nach überdeckt das stete Brummen der Motoren ihre Rufe, bis sie landwärts abdrehen und zurückbleiben. Vor mir liegen rund dreißig Stunden Fahrt.

1993 bin ich vom südfranzösischen Sète aus mit der riesigen „Marrakesch" nach Tanger gefahren, um den dort lebenden amerikanischen Schriftsteller Paul Bowles zu besuchen und im Atlasgebirge den Nordafrikanischen Schwalbenschwanz (*Papilio dardanus*) aufzuspüren. Damals vertrieb ich mir die knapp zwölfstündige Überfahrt mit Tontaubenschießen und Sonnenbaden. Nun sitze ich an einem der zahlreichen Spielautomaten und versuche mein Glück, ehe ich das Abendessen einnehme, mich in meine Außenbordkabine zurückziehe und mich noch lange in John Fowlers' Roman vertiefe.

Als die Fähre am Morgen auf Venedig zusteuert, ist kein Wölkchen am stahlblauen Himmel zu sehen. Zwei Stunden später sitze ich in dem gemieteten weißen Nissan Micra und folge der A 13 durch den dichten Vormittagsverkehr an der Peripherie Venedigs über die A 57 Richtung Padua. Über die Stationen Bologna und Florenz erreiche ich am frühen Nachmittag Volterra.

Meine alten Freunde Alessandro und Luciana Pinescchi, in deren Natursteinhaus oberhalb der Altstadt ich schon viele Male zu Gast war, heißen mich mit Spaghetti al pomodoro, selbst gebackenem Steinofenweißbrot und einem trockenen Landwein willkommen. Nach einem Mittagsschlaf mache ich mich auf, steige einige hundert Meter hinab in den engen, terrassierten Talkessel, über den die Nachmittagssonne ihren seidenen Glanz breitet und halte Ausschau.

Sobald sich eine Wolke vor die Sonne schiebt, kühlt sich die Luft fühlbar ab und die Szenerie bekommt etwas Herbstliches. Doch schon im nächsten Moment erstrahlt die Landschaft wieder in hellem Licht und um die knorrigen Olivenbäume flirren Grünader- (*Pieris napi*) und Reseda-Weißlinge (*Pontia edusa*), die auf der Suche nach Nektar die Frühblüher besuchen.

Insbesondere die Reseda-Weißlinge begeistern mich, denn in Deutschland ist dieser Falter stellenweise stark rückläufig. Seine grasgrünen, gelb gestreiften Raupen fressen an der Gelben Reseda und anderen Kreuzblütlern und lassen sich leicht züchten. Da und dort drängen sich Distelfalter auf den rosa blühenden Futterpflanzen ihrer Raupen, von denen sie ihren Namen haben. Am Stamm einer Olive hat sich ein Mauerfuchs (*Lasiommata megera*) niedergelassen und bietet den schräg einfallenden Sonnenstrahlen seine orangebraunen Flügel dar, die von dunkelbraunen Zackenbinden durchsetzt und mit vier Augenflecken geschmückt sind.

Ich wandere weiter hinunter in den Talkessel und entdecke am Rand einer Pferdekoppel auf der weißen Blüte einer Felsenbirne mehrere Federwidderchen (*Heterogynis penela*). Es handelt sich ausschließlich um männliche Falter mit grauschwarzen, in einem gefransten Saum auslaufenden Flügeln und langen, stark kammgezähnten Antennen, mit denen sie an die klassischen, vielfach rotgepunkteten Widderchen wie das Hufeisenklee-Widderchen (*Zygaena transalpina*) oder das Sechsfleck-Widderchen (*Zygaena filipendula*) erinnern. Dieses unscheinbarste aller „Widderchen" zählt jedoch gar nicht zur so benannten Familie (*Zygaenidae*). Die walzenartigen, gelben und von grauen Längsbinden gezeichneten weiblichen Federwidderchen besitzen keine Flügel. Sie sind nur zehn bis 15 Millimeter lang bei einer Spannweite von gerade einmal 27 Millimetern, haben zu Stummeln verkümmerte Beine und auch die Fühler fehlen.

Zwar variiert die Gestalt der weiblichen und männlichen Federwidderchen kaum, ihre Metamorphose aber ist ebenso faszinierend wie singulär. Schon im Raupenstadium unterscheiden sich die Männchen grundlegend von den Weibchen. Die männlichen Raupen spinnen, sobald sie eine Länge von zirka zehn Millimetern erreicht haben, kleine Kokons, in die sie sich zurückziehen, während die Weibchen munter weiterfressen und erst dann mit dem Bau ihrer Behausung beginnen, wenn sie die doppelte Körpergröße erreicht haben. Die von ihnen gewebten Kokons werden auf Kniehöhe in der Vegetation befestigt und sind aufgrund ihrer faserigen, strahlend weißen Färbung gut erkennbar. Auch im Puppenstadium unterscheiden sich beide Geschlechter grundlegend. Indessen die männlichen Raupen sich in klassische schwarze Puppen verwandeln und in ihrer Form bereits das spätere Erscheinungsbild der Falter erkennen lassen, unterscheiden sich die plumpen weiblichen Puppen nur unwesentlich vom Aussehen der Raupen. Vielmehr wirken sie wie geschrumpfte, gestauchte oder verendete Tiere und erreichen leicht verfärbt bereits nach fünf Tagen das Falterstadium, wohingegen die Entwicklung der männlichen Imagines zwei Wochen benötigt.

Nach dem Schlüpfen setzt sich das ungewöhnliche Verhalten der weiblichen Federwidderchen fort. Anders als die männlichen Falter, die nun ausschwärmen und auf Blütenbesuch gehen, verharrt das flügellose Weibchen am Kokon, den es zeitweise verlässt, indem es sich mit seinen rudimentären Fußstummeln daran festkrallt. Von dort entsendet es seine Lockstoffe in die Luft, um männliche Falter auf sich aufmerksam zu machen. Sofern das Werben erfolglos bleibt, zieht das Weibchen sich zurück und versucht es am nächsten Tag erneut. Gelingt es ihm, ein Männchen anzulocken, kommt es im Kokon zur Paarung. Wenig später stirbt das Männchen und durch das Weibchen erfolgt die Eiablage. Zu-

66

letzt verendet auch das Weibchen im Kokon und die schlüpfenden Nachkommen, gierige Kleinkannibalen, verzehren seine Überreste, verlassen den Kokon und machen sich auf den Weg zu ihrer Wirtspflanze, dem Behaarten Ginster.

Doch damit ist der zweifellos außergewöhnliche Jahreszyklus der Federwidderchen nicht zu Ende: Die noch sehr jungen Raupen ziehen sich in die anstehende Winterruhe zurück, weben linsenförmige Kokons und schließen sich darin ein. Kommt es vorher zu unerwünschten Berührungen mit fremden Gegenständen, zum Beispiel mit Ästchen, die sie, vom Wind bewegt, streifen, sondern die kleinen Raupen deutlich erkennbare „Bluttröpfchen" ab, die offenbar eine Verletzung simulieren oder abschreckend auf Fressfeinde wirken. Sie werden später von den Räupchen wieder aufgenommen. Forscher nehmen an, dass es sich bei der Flüssigkeit um ein hochgiftiges Blausäuregemisch handelt.

Schaut man nicht ganz genau hin, ist das Federwidderchen leicht mit dem Heide-Grünwidderchen (*Rhagades pruni*) zu verwechseln. Doch die Schuppen auf den ebenfalls grauschwarzen Flügeln des Grünwidderchens entfachen im Gegensatz zu denen des Federwidderchens einen metallisch grünen Schimmer, sobald Licht auf sie fällt.

Inzwischen hat sich die Sonne endgültig hinter eine sich langsam schließende Wolkenwand zurückgezogen und die Dämmerung setzt ein, sodass ich mich allmählich wieder den Hang hinaufkämpfe. Nur die kleinen, schwarzweiß gescheckten und gepunkteten Würfelfalter (*Pyrgus malvae*), die in großer Zahl die Blüten bevölkern, zeigen sich unbeeindruckt von dem abnehmenden Licht und der sinkenden Temperatur. Mir aber wird kalt und so beschleunige ich meinen Schritt und steige zügig wieder nach oben.

Für den nächsten Tag ist besseres Wetter mit bis zu 22 Grad angekündigt, wie ich von Luciana erfahre, und so plane ich eine Fahrt ins Elsatal in der Hoffnung, dort vielleicht einen der bereits jetzt im März fliegenden Osterluzeifalter (*Zerynthia polyxena*) zu Gesicht zu bekommen, der zweifellos zu den schönsten Schmetterlingen Europas zählt.

Am nächsten Morgen steuere ich meinen Wagen in Richtung Pomerance. Dort gräbt sich der Lauf der schmalen Elsa durch die saftig grüne, baumreiche toskanische Landschaft, die leuchtet wie nach einem Regenguss und für den seltenen Osterluzeifalter, den Harlekin unter den Ritterfaltern, ein ideales Refugium bietet. Der klare blaue Himmel verspricht einen warmen, frühlingshaften Tag. Ich parke meinen Wagen auf einem zum Fluss hin abfallenden, unbefestigten Pfad und bahne mir langsam zu Fuß einen Weg durch das Gelände. In hastigem Flug flattert ein Zitronen-falter-Männchen vorbei. Kurz darauf sehe ich einen Trockenrasen-Gelbling (*Colias alfacariensis*), dem ein rotgerändertes, einem Posthorn ähnliches Zeichen auf der Unterseite seiner Hinterflügel im Volksmund den Namen „Postillon" eingetragen hat. Entlang des Fluss-ufers tummeln sich zahllose Kleine Kohlweißlinge – ein anmutiges Geflirre und Gewimmel. Über dessen spiegelglatte Oberfläche huschen in wildem Zickzack-Kurs Wasserläufer. Besondere Härchen auf ihren als Tarsen bezeichneten Gliederfüßen ermöglichen es ih-nen, scheinbar schwerelos über das Wasser hinwegzu-gleiten wie Schlittschuhläufer über das winterliche Eis. Selbst auf geringste Lichtveränderungen reagieren die mit Facettenaugen ausgestatteten, zur Unterordnung der Wanzen gehörenden Tiere mit Fluchtbewegungen.

Als Kind habe ich die kleinen, zur Familie der *Ger-roidea* gehörenden Wasserläufer aufmerksam verfolgt, wenn ich aus der Schule kommend an einem klei-nen Fluss namens Krebsbach Halt machte, meinen Ranzen ins Gras warf und Faltern in den Auen nach-sprang. Ich erfreute mich an den Spielen der knapp unter der Wasseroberfläche hin und her huschenden Stichlinge und vertrieb mir die Zeit damit, Molche aus dem scheinbar stillstehenden Bach herauszufischen. Eines Tages fing ich mit meinem Schmetterlingsnetz einen laichenden Hecht, den meine Großmutter zum

69

Mittag für uns briet. Am Krebsbach begegnete ich auch meinem ersten blau schillernden Kleinen Eisvogel (*Limenitis camilla*). An den Ufern der Elsa wird man im Sommer diese eleganten, die Nähe zum Wasser suchenden Edelfalter ebenfalls erleben können. Sie bevorzugen ein feuchtes Klima und lieben es, sich auf den tief hängenden, über den Fluss ragenden Zweigen der Bäume zu sonnen.

An diesem Vormittag treffe ich vor allem männliche Federwidderchen an, die auf den Blütenköpfen der Disteln um die besten Plätze streiten. Der Osterluzeifalter, nach dem ich seit meiner Ankunft unablässig Ausschau halte, ist leider weit und breit nicht zu sehen. Stattdessen zieht kurzzeitig ein Segelfalter meinen Blick auf sich. Jede seiner anmutigen Flugbewegungen scheint einer vorbestimmten Choreografie zu folgen. Das Resultat ist ein schwerelos wirkendes, nur hin und wieder von drei, vier schnellen Flügelbewegungen unterbrochenes Gleiten.

Gerade als ich beschließe, meine Suche nach dem Osterluzeifalter für heute abzubrechen, komme ich in den plötzlichen Genuss, ein heranfliegendes Landkärtchen (*Araschnia levana*) zu erblicken. Dieser schöne Kleinschmetterling aus der Familie *Nymphalidae* ist ein „Edelfalter" im wahrsten Sinne des Wortes. Sein eleganter und doch zügiger Gleitflug gleicht dem des Kleinen Eisvogels.

Das Landkärtchen tritt in zwei Generationen auf, wobei sich beide in ihrem Erscheinungsbild stark voneinander unterscheiden. Die Frühjahrsgeneration ist rot- oder rostbraun in ihrer Grundfärbung, die dem Kleinen Eisvogel ähnelnde Sommergeneration dagegen mattschwarz. Zudem ziert die spätere Generation eine helle, sämtliche Flügel kreisförmig umrahmende Binde, während die Frühlingsfalter durchweg hellbraun und zum Ende der Hinterflügel hin von einer Kette blauer Rauten durchsetzt sind.

Der mit einer Spannweite von gerade einmal 40 Millimetern eher kleine Schmetterling, dessen Raupen ausschließlich an der Großen Brennnessel fressen und stark an die ebenfalls dornigen, schwarz schimmernden Raupen des Tagpfauenauges erinnern, ist ein überaus scheuer Zeitgenosse. Ihn zu erhaschen, ist manchmal vom Zufall abhängig, da seine Verweilzeiten auf Blüten kurz sind und seine bevorzugten Pausenplätze auf den höheren oder äußeren, eher schattigen Ästen von Büschen und Bäumen liegen. Doch dieser Falter macht es mir auf einer Distel sitzend ungewöhnlich leicht, ihn aus einer Entfernung von einem knappen Meter in allen Einzelheiten zu studieren.

Mit ausgebreiteten Flügeln genießt er ein Bad im schräg durch die Baumkronen einfallenden mittäglichen Sonnenlicht. Die Spitzen seiner immerzu antennenartig ausgerichteten, schwarzweiß geringelten Fühler zieren an den Enden helle Büschel, mit denen er selbst geringste Geruchs- und Luftveränderungen wahrnehmen kann.

Vom Osterluzeifalter weiterhin keine Spur. Ich gehe zum Auto zurück und esse bei offen stehenden Türen die Sandwiches, die Luciana mir als Wegzehrung zubereitet hat. Von der Straße dröhnen immer wieder die Motoren der schwer beladenen, in den Hafen von Cecina fahrenden LKW vorbei. Nach einigem Zögern steige ich in den Wagen und fahre ein Stückchen in dieselbe Richtung. Vielleicht lande ich weiter unten im Tal einen Treffer. Und tatsächlich tut ein leicht ramponiertes Exemplar mir eine halbe Stunde später den Gefallen, sich kurz zu zeigen, ehe es die Elsa mit schweren Flügelschlägen überquert und zwischen den das Ufer säumenden Büschen verschwindet. So viel aber steht damit fest: Ich habe das Gebiet der Osterluzeifalter betreten!

DIE
ANFÄNGE

Ich war sieben Jahre alt, als ich mein erstes Schmetterlingsnetz bekam. Es bestand aus einem Metallbügel mit 40 Zentimetern Durchmesser, einem spitz zulaufenden Perlon-Tüll-Gaze-Netz und einem Bambusstiel, der mit einer Flügelschraube am Bügel befestigt wurde. Mit diesem Netz fing ich in den Hanauer Mainauen meine ersten Kohlweißlinge und Schachbrettfalter. In den folgenden Jahren nahm ich es immer auf ausgedehnte Schmetterlingsreisen quer durch Europa mit, die ich gemeinsam mit Viktor und meiner Großmutter machte.

Viktor, der das Netz nach den Abbildungen in meinem Lieblingsbuch *Welcher Schmetterling ist das?* in seiner Werkstatt angefertigt hatte, baute mir auch Spannbretter, drei Schaukästen sowie verschiedene Raupenzuchtkästen, sodass ich bald bestens ausgestattet war. Auf den Brettern präparierten wir unsere Fangstücke in minutiöser Kleinarbeit. In der zuvor mit feuchter Watte befüllten Aufweichglocke machten wir die erstarrten Falter wieder geschmeidig. Dann befestigten wir sie in der Mittelrinne des Spannbretts, indem wir die Flügel mit Hilfe von Nadeln vorsichtig in der gewünschten Stellung ausbreiteten und mit Plexiglasplättchen fixierten. Danach wanderten die Bretter für einige Tage zum Trocknen auf meinen Kleiderschrank, ehe wir die Falter mit Schildchen, auf denen Fangort und -datum standen, versahen und nach Familien und Gruppen ordneten, um sie schließlich in die Sammelkästen einzusortieren. Am Ende unserer Reisejahre zierten vier dieser Kästen die Wände meines Jugendzimmers.

Durch die immer intensivere Beschäftigung mit Schmetterlingen schuf ich mir über die Jahre und Jahrzehnte eine Art Gegenwelt, in die ich mich regelmäßig zurückziehe, wenn ich eine Pause von den Strapazen des Alltags brauche. Beim Raupensuchen oder in der stillen Betrachtung von Faltern finde ich, was andere beim Yoga oder in der Meditation suchen: Entspannung und Selbstbesinnung.

Unbehagen bereiteten mir dagegen jene Momente, in denen wir auf die in unseren Fangnetzen zappelnden Falter das todbringende Chloroform träufelten, woraufhin ihr hektisches Flattern mit jedem Augenblick schwächer wurde, bevor es ganz erstarb. Doch das ist lange her. Meine Sammelkästen habe ich irgendwann verschenkt und die Spannbretter gemeinsam mit den vom jahrelangen Gebrauch kaputt gegangenen Fangnetzen in eine dunkle Ecke meines Kellers verbannt. Die Zeit des Jagens war vorbei. Stattdessen begann ich irgendwann, mich in die Kunst der Raupenzucht einzuarbeiten. Für einen gelungenen Einstieg gilt es, fünf simple Grundregeln zu befolgen:

1. Zuchtbehälter nicht in die Sonne stellen.
2. Raupen nicht mit der Hand von altem Futter abnehmen.

3. Niemals in Häutung
   befindliche Raupen
   berühren oder stören.
4. Zuchtbehälter regelmäßig reinigen
   und gut belüften.
5. Immer für frisches Futter sorgen.

Die Entwicklung der Tiere vom winzigen Ei über das Schlüpfen der Raupe und deren Verpuppung bis zum Erscheinen der Falter zu verfolgen, ist ein faszinierender, sich in der Regel über mehrere Monate hinziehender Prozess. Er verlangt vom Züchter Ausdauer und Disziplin und es gibt keine Garantie für einen erfolgreichen Verlauf. Doch der Anblick frisch geschlüpfter, in den wolkenlos blauen Himmel aufsteigender Falter hat für mich stets aufs Neue etwas zutiefst Erhebendes.

Gleichzeitig versuche ich, mit meinen Zuchtbemühungen dem allgemeinen Rückgang der Falterbestände entgegenzuwirken. Ich habe Schulfunksendungen zur Falterzucht gemacht und gehe gern in den Unterricht, um den Kindern persönlich den Zauber der Schmetterlinge näherzubringen und ihr Bewusstsein für die gefährdeten Kreaturen zu schärfen. Außerdem schreibe ich Zeitungsartikel zum Thema. Denn waren Pfauenaugen, Kleine Füchse und Admirale noch vor Jahren Dauergäste in Parkanlagen, Wiesen und Vorgärten, hat sich ihre Zahl in deutschen Städten drastisch verringert. Das Schlagwort vom „Faltersterben" macht inzwischen nicht nur unter Entomologen die Runde.

Der in Feuchtgebieten heimische Sumpfwiesen-Perlmuttfalter (*Boloria selene*) leidet ebenso stark unter dem Klimawandel und der Intensivierung der Landwirtschaft wie der Gelbgefleckte Mohrenfalter (*Erebia manto*), der blumenreiche Grasflächen in Höhenlagen über 2000 Meter bewohnt, oder der kleine Hauhechelbläuling (*Polyommatus icarus*), dessen Bestände sich besorgniserregend reduziert haben. Nahezu sämtliche Bläulinge stehen mittlerweile auf der Roten Liste gefährdeter Arten. Auf ihr finden sich auch der Große Kohlweißling (*Pieris brassicae*), der C-Falter (*Polygonia c-album*), das Blaue Ordensband (*Catocala fraxini*) oder der Gelbe Hermelin (*Trichosea ludifica*) – ein alarmierender Zustand! Mit dem Schwinden der Faulbäume nehmen sogar die Bestände des allseits bekannten Zitronenfalters ab, dessen Raupen an diesen wie auch an anderen Kreuzdorngewächsen fressen.

Bis zu seinem Tod bin ich mit Viktor regelmäßig in seinem roten Opel Rekord 1700 für ein paar Wochen quer durch Europa gefahren, um ausgesuchte Falter zu erspähen und einzufangen. Zusammen haben wir vor unseren Zuchtkästen gesessen und die Entwicklungen

77

der Raupen aufs Genaueste verfolgt. Der Verpuppung einer Schwalbenschwanzraupe zuzuschauen, kann so spannend sein wie ein Krimi! Viele der gemeinsam verbrachten Stunden zählen zu den schönsten meines Lebens.

Nun bin ich in der Toskana und Viktor ist seit fast vierzig Jahren tot. Doch unsere Fangzüge sind mir so präsent, dass sein „Schau unter die Füße!" immer noch in meinen Ohren nachklingt. Diese Aufforderung hörte ich jedes Mal, wenn wir durch Wälder und Wiesen streiften und er mich anhielt aufzupassen, wo ich hintrat. An seiner Seite lernte ich das achtsame Durchstreifen von Landschaften ebenso wie das Spurenlesen, genau wie der „Kleine Waldläufer", der Protagonist meines ersten gleichnamigen Kinderbuches, der gemeinsam mit seinem Vater, einem erfahrenen Indianer, die Wälder seiner amerikanischen Heimat durchstreift und erkundet.

Mit Viktor fing ich 1970 im damaligen Jugoslawien meine ersten großen Schwärmer. Wir waren mit seinem Opel in der einsetzenden Dämmerung in die Hügel um Porec gefahren, hatten zwischen Stangen die Bettlaken meiner Großmutter aufgespannt und diese bei laufendem Motor mit den Frontscheinwerfern angestrahlt. Vom Licht angezogen flatterten keine halbe Stunde später die ersten Nachtfalter heran.

Es beginnt zu dämmern, als ich meinen Nissan durch die sich sacht erhebenden Hügel in Richtung Volterra steuere. Nach dem gemeinsamen Abendessen mit Luciana und Alessandro im Souterrain ihres Natursteinhauses befestige ich eines von Lucianas Bettlaken an der Hauswand, richte meine eingeschalteten LED-Lampen darauf und warte gespannt, was passiert.

Es dauert mehr als zwanzig Minuten, ehe sich erste Gäste zeigen, schließlich umschwirren mehrere Kleine Eulen und verschiedene Spanner-Arten die Scheinwerfer. Eine Roseneule (*Thyatira bátis*) fliegt unablässig gegen das in der Dunkelheit hell erstrahlende Quadrat. Auf die größeren Nachtfalter warte ich an diesem ersten Abend noch vergebens. Zwei Tage später habe ich hingegen Erfolg: Sowohl ein Labkrautschwärmer (*Hyles gallii*) als auch ein Exemplar des seltenen Nachtkerzenschwärmers (*Proserpinus proserpina*) lässt sich anlocken.

Der von fern an den deutlich größeren Oleanderschwärmer (*Daphnis nerii*) erinnernde Falter, der sich gern während der Dämmerung in der Nähe von Nutzgärten und lichten Auwäldern aufhält, war lange Zeit im südlichen Mitteleuropa weit verbreitet, gilt inzwischen aber als höchst selten. Seit jeher war er ein Einzelgänger in der Familie der Schwärmer. Seine grün marmorierten, arttypisch gezackten Vorderflügel könnte man als ausgefranst beschreiben, die deutlich kleineren ockerfarbenen Hinterflügel säumt eine schwarze Binde. Die Kombination dieser Merkmale macht den Nachtkerzenschwärmer unverwechselbar und unterscheidet ihn deutlich von seinen engsten Verwandten, die meist eher keilförmige Flügel haben.

Auch seine mit dunklen, schrägen Streifen gezeichnete hellgrüne Raupe ist ein Sonderling. Sie ist ausnahmslos nachtaktiv und darum schwer zu finden. Tagsüber verbirgt sie sich am Fuß ihrer Futterpflanze, meist einem Weidenröschen, oder unter Steinen. Das für Schwärmerraupen typische Analhorn fehlt bei ihr. Da sie überwintert, niedrige Temperaturen aber nicht gut verträgt, schlüpft nach härteren Wintern häufig nur eine geringe Anzahl von Faltern.

Der Labkrautschwärmer, der in Form und Zeichnung stark dem häufigeren Wolfsmilchschwärmer (*Hyles euphorbiae*) ähnelt, ist beträchtlich größer als der Nachtkerzenschwärmer und erzeugt beim Anflug ein regelrechtes Surren oder Brummen. Für einige Zeit schwirren die beiden ungleichen Falter im Schein meiner Lampen umeinander, ehe sie aus den Lichtkegeln ausbrechen und in der Nacht verschwinden. Als ich die Leuchten ausschalte, zerstreuen sich auch die kleinen Eulenfalter in die Dunkelheit.

Am nächsten Vormittag gelingt es mir nahe Cecina, ein Osterluzeifalter-Pärchen ausgiebig zu studieren. Der bei einer Spannweite von 55 Millimetern mittelgroße Osterluzeifalter ist, hat man ihn einmal aufgespürt, leicht zu beobachten, denn er liebt es, lange mit ausgebreitcten Flügeln auf einer Blüte zu verharren. Seinen Leib schmückt ähnlich wie die Apollofalter ein pelziges, dichtes Haarkleid und seine kolbenartigen, nicht sehr langen Fühler sind ebenfalls schwarz. Im Vergleich zu den eher größeren Ritterfaltern wie dem Schwalbenschwanz oder dem Segelfalter erinnert der Osterluzeifalter eher an den klassischen Apollofalter. Auch seine Flügelzeichnung lässt ihn schnell wie einen Apollo erscheinen, wobei er dem Falschen Apollofalter am nächsten kommt.

Seine abgerundeten, hellgelben Flügel sind mit einem Mosaik aus rautenförmigen schwarzen und roten Flecken überzogen. Zum äußeren Rand seiner von einem dichten Haarkranz gesäumten Hinterflügel hin zieren ihn eisblaue Punkte. Der behaarte, zum Ende hin leicht gekrümmte Hinterleib des Osterluzeifalters ist mit weißen Segmentpartien geschmückt. Der schöne Falter hält sich meist in Bodennähe auf und ist relativ standorttreu. Größere Flugstrecken liegen ihm nicht.

Vier Tage später ist mein vorerst letzter Abend in Italien gekommen. Ich verbringe ihn mit Luciana und Alessandro, indem wir gemeinsam nach Siena fahren.

Wir wagen uns ins Rotlichtmilieu, weil es dort angeblich die beste Brodetto des Landes gibt, eine Fischsuppe. Jedenfalls wird Alessandro auf der Hinfahrt nicht müde, das zu betonen, und wie sich bald herausstellt, hat er nicht zu viel versprochen: Was dann in der schummrigen kleinen Cucina auf den Tisch kommt, ist umwerfend.

Im Juni, verspreche ich den beiden, werde ich nach Volterra zurückkehren, um das einzigartige Revierverhalten des Erdbeerbaumfalters zu erforschen. Zuvor zieht es mich aber in die Sierra de Guadarrama in der Bergregion Zentralspaniens, in deren Kiefernwäldern jedes Jahr ab März einer der zweifellos schönsten und faszinierendsten Vertreter der Familie der Pfauenspinner (*Saturniidae*) vorzufinden ist: der geheimnisvolle, unverwechselbare Isabellaspinner (*Graellsia isabellae*), der seinen Namen der früheren spanischen Königin Isabella II. verdankt.

DIE SCHÖNE
ISABELLA

Die Maschine steigt über Rom in einen wolkenlos blauen Himmel auf. Doch als sie nach zweieinhalbstündigem Flug in Madrid zur Landung auf dem Flughafen Barajas ansetzt, peitschen schwere Regentropfen gegen die Bullaugenfenster. Spaniens Hauptstadt liegt an diesem Tag im Mai unter dichten grauen Regenschleiern.

Vom Flughafen aus mache ich mich mit dem Leihwagen, diesmal einem kleinen azurblauen Seat, in die im Zentrum von Spanien gelegene Region Kastilien-La Mancha auf, genauer nach Guadalajara, in die Sierra de Guadarrama.

In Segovia, der Stadt zwischen den Flüssen Eresma und Clamores, zirka 90 Kilometer von Madrid entfernt, beziehe ich am Nachmittag mein Hotelzimmer, dessen Fenster den Blick auf die spätgotische Kathedrale freigibt, die ich am nächsten Tag ebenso wie den Alcázar besichtige, bevor ich in die Sierra aufbreche. Ihre großflächigen Kiefernwälder sind die Heimat des Isabellaspinners, der dort in Höhenlagen bis 1500 Meter vorkommt.

Die zwischen der Sierra de Gredos und der Sierra de Ayllón gelegene Bergkette, die ich ansteuere, erstreckt sich von Südosten her nach Nordwesten und bietet einer Fülle von Tieren ein weitläufiges Refugium. Damhirsche, Dachse und europäische Wildkatzen trifft man dort genauso wie den Mönchsgeier oder den kapitalen Spanischen Kaiseradler. Die dichten Kiefernwälder dienen ihnen als Rückzugsorte, wo sie von den an den Wochenenden scharenweise aus Madrid in die Sierra einfallenden Touristen und Wanderern unbehelligt bleiben. Die wenigsten dieser Besucher sind jedoch wie ich auf der Suche nach der heimlichen Königin unter Europas Pfauenspinnern.

Zu Hause in Köln gelang es mir kurz vor meiner Abreise, drei von neun Raupen des Isabellaspinners zur Verpuppung zu bringen. Eingesponnen in ihre dichten, um vertrocknete Kiefernnadeln gewebten Kokons werden sie, wenn alles gut geht, dereinst daraus hervorschlüpfen, sich dann hoffentlich paaren und mir neue Eier schenken. Die erste Phase der Metamorphose dieser Art zu verfolgen, war etwas ganz Besonderes. Aus den Eiern, die mir ein befreundeter Züchter aus Lissabon zukommen ließ, schlüpften nach zehn Tagen zunächst winzige, struppig-graue und dadurch sehr gut getarnte Räupchen. Für sie charakteristisch ist, dass sie sich bis zu ihrer Verpuppung ausschließlich von alten, vertrockneten Kiefernnadeln ernähren.

Im letzten, fünften Raupenstadium haben die Tiere ihre abschließende hellgrüne, von hellbraunen Bahnen durchzogene und mit hauchdünnen, antennenartigen Haaren besetzte Endform angenommen. Dann schmiegen sie sich zwischen die frischen, sattgrünen Kiefernnadeln, die ich ihnen alle drei Tage in den Zuchtkasten lege. Dabei blähen die Tiere im Ruhemodus die vorderen Körpersegmente derart mächtig auf, dass man sie auf den ersten Blick für einen Kieferzapfen halten könnte. Dieses faszinierende Schauspiel bleibt dem Betrachter in freier Wildbahn meist verwehrt. Die Raupen des Isabellaspinners an ihren natürlichen Wirtspflanzen zu betrachten, ist nahezu unmöglich, weil die Tiere es bevorzugen, möglichst hoch gelegene Äste der Kiefern zu besiedeln.

Ich erreiche die Sierra de Guadarrama, die Teil des iberischen Scheidegebirges ist, nach eineinhalb Stunden Fahrt. An diesem leicht nebelverhangenen Tag hat die Gegend mit ihren kristallklaren Bergseen und den sie umgebenden, von dichtem Buschwerk bedeckten Bergzügen etwas Märchenhaftes. 2013 wurden große Teile des sich über eine Gesamtlänge von 80 Kilometern erstreckenden Gebiets zum Nationalpark erklärt und die dort lebenden Tiere damit unter Naturschutz gestellt. So auch der Isabellaspinner, der hier bereits ab Ende März fliegt. Als ständiger Bewohner der Region wurde die Art erstmals 1987 nachgewiesen. Seither zieht es immer wieder Entomologen in die Sierra, die ihn aus nächster Nähe studieren wollen. Hier oben bietet sich den die Hitze der Ebenen scheuenden Faltern ein idealer Lebensraum, der sie ausreichend mit Luftfeuchtigkeit versorgt.

Da der Isabellaspinner erst in der Abenddämmerung aktiv wird, bin ich erneut auf meine Leuchtlampen angewiesen, um ihn vor das Objektiv meiner Kamera zu locken. Ich habe das Auto weiter unten abgestellt und steige nun durch das buschreiche Gelände bis in eine Höhe von 1400 Metern auf. Weil er niedrige Temperaturen bis zu fünf Grad Celsius sehr gut verträgt, kann man den prächtigen Falter auch bei schlechtem Wetter zu Gesicht bekommen. Tagsüber ruht er an Baumstämmen, in der Dämmerung hebt er zu seinen Rundflügen ab. Auf weibliche Falter wartende Männchen machen mit heftigen Flügelschlagen auf sich aufmerksam. Das erste Mal beschrieben wurde der *Graellsia isabella* 1849. Seither zählt er zu den am meisten bewunderten Pfauenspinnern weltweit, denn der Isabellaspinner ist der einzige Falter der Gattung *Graellsia*. Er ist wortwörtlich einzigartig.

Der am Frankfurter Senckenberg-Museum forschende Entomologe Wolfgang Nässig unternahm 1991 den Versuch, aufgrund seines Aussehens eine nahe Verwandtschaft des Falters zu den in Asien und Amerika weit verbreiteten Arten der Gattung *Actias* nachzuweisen, konnte diese These aber nicht abschließend belegen. So gilt der *Graellsia* seither als absoluter Solitär.

Man kann ihm nur in einigen eng umgrenzten Gebieten Europas begegnen, neben der Sierra de Guadarrama unter anderem im Schweizer Kanton Wallis.

Mit einer Flügelspannweite von bis zu 100 Millimetern zählt der Isabellaspinner zu den größeren Nachtfaltern Europas. Seine vier Augenflecke hat er mit den ebenfalls nachtaktiven Nachtpfauenaugen gemeinsam. Die auffallend langen Schwänze an den Hinterflügeln, die bei den Männchen deutlich länger ausfallen als bei den Weibchen, rücken ihn dagegen tatsächlich den großen *Actias*-Faltern näher, wenn auch nur rein äußerlich.

Die Imagines haben eine lindgrüne Grundfärbung und ihre leicht transparent erscheinenden Flügel sind durch markante, braun hervortretende Adern gemustert. Dazu passen farblich die ebenfalls braunen, stark gezähnten Fühler der Männchen. Kopf und Thorax erscheinen bei günstigem Lichteinfall braunviolett, wobei der Kopf von einem gelben Kragen umschlossen wird. Die vier Augenflecken sind jeweils rot gekernt.

So weit oben herrscht eine Atmosphäre wie in einem Hochmoor. Zwischen den dicht stehenden Kiefern zieht Nebel auf und der Mond ist bereits deutlich zu sehen. Immer wieder dringen die verirrten Rufe irgendwelcher Vögel durchs Geäst, knacken Zweige, und es ist, als beginne der Waldboden die tagsüber gespeicherte Wärme in Schüben wieder auszudampfen. Unbeeindruckt von der Feuchtigkeit steige ich weiter auf und erreiche bei zunehmender Dunkelheit eine kleinere Lichtung, wo ich meine Leuchtlampen auf den Stativen so ausrichte, dass ihre Lichtkegel in den Nebelschwaden eine Art Leuchtkasteneffekt erzeugen.

Rasch wird es kälter, die Isabellaspinner aber sollte das nicht schrecken. Tatsächlich muss ich nicht lange warten, bis sich ein erstes Exemplar zeigt. Immer wieder wirbelt es mit schnellen Flügelschlägen zwischen den Lichtstrahlen meiner Lampen hin und her, sodass es fast unmöglich ist, es zu fotografieren. Also stelle ich den Videomodus an meinem Smartphone ein. Mehrmals überprüfe ich, ob die Kamera störungsfrei arbeitet, um sicherzugehen, dass ich hinterher alles im Kasten habe. Der Anblick dieses Falters hat etwas Erhebendes und ist auch für mich, der ich schon so manchen seltenen Schmetterling betrachten konnte, etwas Außergewöhnliches. Ich kann mich nicht satt sehen an seiner zauberhaften Schönheit. Doch da mir zunehmend die feuchte, kalte Nachtluft in die Glieder dringt, entschließe ich mich aufzubrechen. Ich schalte meine Scheinwerfer aus, schultere meinen Rucksack und mache mich, dem fadendünnen Schein meines Lensers folgend, an den Abstieg. Als ich kurz darauf wieder unten im Auto sitze, stelle ich mit großer Zufriedenheit fest, dass sich der

Ausflug gelohnt hat. Was auf meinen Aufnahmen zunächst als geisterhaftes Schattenwesen durch den engen Bildausschnitt flimmert, gewinnt klare Konturen, nachdem das Etwas sich von meinen Scheinwerfern geblendet an den Stamm einer Kiefer gesetzt hat. Es handelt sich bei dem Falter offenbar um ein Weibchen, denn die schräg nach außen gebogenen Schwänze sind sehr kurz. Zudem erscheinen seine eher fein gezähnten Fühler im Vergleich zu denen der Männchen geradezu rudimentär. Seiner Schönheit aber tut dies keinen Abbruch. Im Gegenteil: Die Farben sind satt und kräftig. Es handelt sich offenbar um ein frisch geschlüpftes Exemplar.

Ich muss an die drei Kokons in meiner Kölner Wohnung denken. Wenn alles klappt, sollte ich in ein paar Monaten die schlüpfenden Falter in aller Ruhe unter die Lupe nehmen können. Ihr ganzes Leben als Falter werden sie in meiner Wohnung verbringen, denn sie in Deutschland auszuwildern, ist unmöglich.

Ich fahre in Richtung Segovia durch die Nacht. Ganz ähnlich müssen sich einst die ersten Goldsucher am Klondike River gefühlt haben, als sie die ersten schimmernden Splitter des begehrten Edelmetalls aus ihren Waschpfannen pickten. Lange wusste ich nämlich überhaupt nichts von der Existenz dieses Schmetterlings. In keinem einzigen meiner Bestimmungsbücher findet der Isabellaspinner Erwähnung. Als ich ihn in den 1990er-Jahren zum ersten Mal in einer öffentlichen

Sammlung entdeckte, hielt ich ihn intuitiv für einen Vertreter der außereuropäischen *Actias*-Familie. Nach meinem Glückstreffer an diesem ersten Abend in der Sierra steht für mich fest: Sobald sich das Wetter bessert, komme ich zurück.

Auf der Rückfahrt folge ich der SG 615 in Richtung Estación puerto Navacerrada, wechsele auf die SG 601 und erreiche nach einer knappen Stunde Segovia und mein Hotel in der Calle Pasqual Marin. In Pepes kleiner Tapas-Bar gegenüber esse ich frittiertes Gemüse und ein Lomo con queso – hauchdünnes, kurz angebratenes und mit einer Scheibe Manchego-Käse überbackenes Rindfleisch. Zur Feier des Tages gönne ich mir außerdem eine halbe Flasche Tempranillo.

Zurück im Hotel schicke ich meiner Tochter eine SMS, stelle ein Foto der *Isabella* ein und schreibe: „Ich habe heute Abend die spanische Königin gesehen!" Dahinter setze ich ein Smiley. Dann lege ich mich schlafen.

Frühmorgens zeigt sich die Sonne an meinem Hotelzimmerfenster und ich erwache voll Vorfreude auf meine heutige Wanderung. Nach einem reichhaltigen Frühstück breche ich sogleich wieder in die Sierra de Guadarrama auf. Bei meiner Fahrt durch die Landschaft mit ihren ausgedehnten Hügelketten und kristallklaren, azurblauen Seen fühle ich mich unversehens ins Schweizer Engadin zurückversetzt, wo ich vor einigen Jahren erstmals dem Wiener Nachtpfauenauge (*Saturnia pyri*) nachgestellt habe. Jedem, der ein Stück idyllische Natur erleben möchte, ist eine Reise in die Region zwischen Madrid, Segovia und Àvila wärmstens zu empfehlen. Eine knappe Autostunde von Spaniens Hauptstadt entfernt, bietet sie dem Besucher eine atemberaubende Kulisse.

Als ich knapp zwei Stunden später auf einem Hügel stehe, meine Augen mit der Hand gegen die grelle Sonne beschirme und in die leicht dunstigen Täler schaue, tummeln sich zahlreiche Weißlinge über den buschigen Anhöhen. Dazwischen kann ich verschiedene Perlmuttfalter ausmachen. Einer von ihnen ist der Wander-Perlmuttfalter (*Issoria lathonia*), der ab Ende März seine ersten Streifzüge durch die Frühlingswiesen unternimmt.

Der mit 45 Millimetern Spannweite nicht eben große, aber aufgrund seiner ganzen Erscheinung eindrucksvolle Falter bringt bei günstigen Bedingungen jährlich bis zu vier Generationen hervor und ist bis in den späten Oktober hinein auf Magerwiesen, in Brachen und an steinigen Hängen unterwegs. Er ist nicht allzu scheu und lässt sich von mir eingehend betrachten, während er gemächlich von einer Blüte zur nächsten flattert.

Was ihn von den anderen Perlmuttfaltern unterscheidet, ist die eher kantige Form seiner gelbroten Flügel, die von einem dichten Muster aus rundlichen dunklen Flecken überzogen sind. Hinzu kommt, dass die Unterseiten der Flügel vollständig von irisierenden Perlmuttflecken bedeckt sind: kleinen, silberfarbenen Einschlüssen, die anfangen zu schimmern, sobald das Licht im richtigen Winkel auftrifft. Sie kennzeichnen nicht nur diesen Falter, sondern auch einige ihm verwandte Arten. Zu nennen ist hier der Große Perlmuttfalter (*Argynnis aglaia*), der im Durchschnitt etwa 55 Millimeter Spannweite erreicht. Die Hinterflügel der Männchen sind mit sogenannten Duftschuppen besetzt, über die sie Lockstoffe aussenden, um weibliche Falter auf sich aufmerksam zu machen. Durch Drüsenzellen wird ein Pheromon in die Luft entlassen, ein Sexualhormon und Aphrodisiakum. Auch der Kaisermantel (*Argynnis paphia*), ein Gattungsgenosse des Großen Perlmuttfalters, verfügt über dieses Lockmittel.

Weiter unten im Tal stoße ich auf verschiedene Bläulinge, darunter auch den seltenen, bei uns in Deutschland fast völlig verschwundenen Kronwickenbläuling (*Plebeius argyrognomon*). Weltweit sind zirka 5000 Arten von Bläulingen (*Lycaenidae*) bekannt. Es sind mehrheitlich kleine, unruhig fliegende Schmetterlinge mit blauen Flügeloberseiten, denen sie ihren Familiennamen verdanken. Die weiblichen Falter unterscheiden sich in der Regel stark von den Männchen.

Bläulinge sind findige Wesen. So verweilen die Raupen der Ameisenbläulinge nur für einen Teil ihrer Entwicklung auf dem Großen Wiesenknopf, ihrer Wirtspflanze. Nach einer gewissen Zeit fallen sie zu Boden und lassen sich von Ameisen in ihr Nest tragen. Im Folgenden kommt es zu einem für beide Seiten lukrativen Tauschgeschäft: Zwar fressen die Raupen, die imstande sind, den Nestgeruch der Ameisen zu imitieren, zahlreiche Larven, spendieren ihren Gastgebern aber im Gegenzug ein für diese offenbar köstliches, sehr süßes Sekret als zusätzliche Nahrung.

Darüber hinaus profitieren die Raupen von den Annehmlichkeiten, die ein Ameisennest zu bieten hat, nämlich Wärme und Schutz vor Fressfeinden. Bis zur Verpuppung verbleiben die Raupen in ihrer Herberge. Nach der Metamorphose müssen sie das Nest allerdings schleunigst verlassen. Die friedliche Koexistenz endet schlagartig. Die Ameisen sehen in den Faltern ab sofort Feinde, die es zu bekämpfen und aus dem Nest zu vertreiben gilt.

Am späten Nachmittag suche ich mir ein schattiges Plätzchen an einem Bachlauf und lege eine Rast ein. Bis ich mich erneut am Anblick eines Isabellaspinners erfreuen kann, muss ich mich noch einige Stunden gedulden. Diese prachtvollen Einzelgänger ruhen tagsüber an Baumstämmen, wo sie aufgrund ihrer leicht transparenten Flügel hervorragend getarnt sind. Es lohnt sich daher kaum, bei Tageslicht nach den Faltern zu suchen. Beginnt sich allerdings die Dämmerung über die Hügel der Sierra zu senken, erwachen die Schöngeister zum Leben.

Gegen 19 Uhr beginne ich im Schutz einer Anhöhe, über die ich einem Trampelpfad gefolgt bin, wieder mit der Installation meiner LED-Lampen. Auf einer der Holzbänke, die in lockeren Abständen entlang des Weges stehen, nehme ich Platz und warte. Als es allmählich dunkel wird, bekomme ich bald ersten Besuch. Ein Hummelschwärmer (*Hemaris fuciformis*) wagt sich in den grellen Lichtkegel einer Lampe, begleitet von kleineren Eulenfaltern, die mit den Mücken tanzen. Der wegen seiner kleinen, glasigen Flügel leicht mit einer Hummel zu verwechselnde Schwärmer nimmt in seiner Familie eine Sonderstellung ein. Er durchfliegt vor allem Waldränder und buschige, mit stark duftenden Blumen bewachsene Ebenen. Zwar sind die Flügel dieses schwirrenden Schnellfliegers nach dem Schlüpfen noch ganzflächig beschuppt wie die seiner Verwandten, doch bereits bei seinem ersten Flug fallen die Schuppen beinah vollständig ab. Zusammen mit dem weit verbreiteten Taubenschwänzchen zählt er zu den wenigen rein tagaktiven Arten unter den Schwärmern. Das Exemplar, das sich meinen Lampen genähert hat, war vermutlich gerade auf der Suche nach einem sicheren Platz für die Nacht.

Gegen 21 Uhr werde ich schließlich für mein Warten belohnt. Ein männlicher Isabellaspinner zeigt sich. Eifrig umflattert er die beiden LED-Strahler, bis er sich aus ihrem Bann zu lösen vermag und sich mir gegenüber auf dem äußeren, tief hängenden Ast einer Kiefer niederlässt. Ich nähere mich bis auf eine Armlänge, fixiere ihn im Sucher meines Smartphones und aktiviere die Kamerafunktion. Dann zoome ich gezielt auf einen der vier Augenflecke: einen schwarz eingefassten Kreis, der wiederum einen kleineren, orange und weiß gefärbten umschließt. In der Mitte leuchtet ein hellgrüner Strich auf kastanienbraunem Grund.

Die Begegnungen mit den Isabellaspinnern markieren zweifellos den bisherigen Höhepunkt meiner Reise. Selbst unter erfahrenen Entomologen entfacht die Erwähnung dieses Schmetterlings ein verzücktes Augenleuchten. Eine halbe Stunde später baue ich zufrieden meine Lampen ab, folge genau wie am Vorabend dem hellen, fadendünnen Schein meines Lensers bis zu der Stelle, an der ich das Auto geparkt habe und fahre auf der Landstraße durch die milde, klare Nacht zurück nach Segovia.

Ich verbringe eine Ferienwoche ohne Schmetterlinge in Madrid und besuche einen spanischen Schriftstellerkollegen, der mich in die Geheimnisse der Stadt einweiht. Ray wohnt mit seiner schwedischen Freundin Eva im Viertel Las Letras/Cortes, unweit des Prado. Der Blick ihres Küchenfensters geht auf die Plaza de Santa Ana, wo sich die Cerveceria Alemana befindet, in welcher Ernest Hemingway oft saß. Ich hatte Ray vor Jahren während eines kleinen Festivals spanischer Literatur in Köln kennengelernt. „Eigentlich gehe ich kaum noch aus!", sagt Ray. „Die vielen Touristen nerven einfach".

In einer Seitenstraße reihen sich kleine Handwerksläden aneinander, in denen Schuster und Goldschmiede ihrer Profession nachgehen. Zuletzt betreten wir den kleinen, nach Holz und Lacken riechenden Laden eines Gitarrenbauers, mit dem Ray befreundet ist. Er verschafft mir wunderbare Einblicke in den Gitarrenbau. Am letzten Abend essen wir in der Tapas-Bar El Rincon de Esteban. Wer keine Reservierung vorgenommen hat, bekommt dort aufs Geratewohl wahrscheinlich nie einen Platz. Doch als Ray, der zu Spaniens bedeutenden Schriftstellern der sogenannten mittleren Generation zählt, mit mir auftaucht, macht man das Unmögliche möglich.

An einem Nachmittag Ende Mai bringt mich ein Taxi zum Flughafen Barajas, von wo aus es wieder zurück nach Italien, in die Toskana geht. Die ersten der dort lebenden Erdbeerbaumfalter (*Charaxes jasius*) dürften inzwischen geschlüpft sein.

ANGRIFF
IST DIE BESTE
VERTEIDIGUNG

Ich steuere meinen Wagen in der Dunkelheit die Serpentinen nach Volterra hinauf. Zum halb geöffneten Fenster wirbeln die vielfältigen Gerüche der Nacht herein und es ist jedes Mal ein bisschen wie eine Heimkehr, wenn ich wieder die gewundene Hangstraße erklimme.

Die bereits im 4. Jahrhundert v. Chr. entstandene etruskische Stadt mit ihrer hohen, sieben Kilometer langen, von Scheinwerfern angestrahlten Ringmauer wirkt bei Nacht noch trutziger als tagsüber. Luciana und Alessandro erwarten mich mit einem späten Abendessen in ihrer Wohnung. Es gibt gedünstete Artischocken, Calamaretti fritti und ein von Luciana zubereitetes Tomatenrisotto. Zum Nachtisch schneidet Alessandro eine Wassermelone auf, die er in der Tiefe eines kleinen Außenbeckens gekühlt hat. Ausführlich berichte ich ihnen von meinen Erlebnissen in der Sierra de Guadarrama und Alessandro schenkt uns immer wieder von seinem erstklassigen selbst gebrannten Grappa nach.

Alessandro, der bis zu seiner Pensionierung eine Bank in Siena leitete, hat übergangslos eine neue Aufgabe gefunden, der er sich mit der gleichen Lust und Akribie widmet wie einst seinen Geldgeschäften: seinen riesigen Nutzgarten, den er nach streng ökologischen Standards vor dem Haus angelegt hat und in dem er seither die meisten Stunden des Tages zubringt, einen Sonnenhut auf dem Kopf und im Mundwinkel eine qualmende Rillo. Luciana ist für die Vermietung und Pflege der sechs Wohnungen der Porta Diana zuständig. Über die vielen Jahre, die sie ihr Landhaus Gästen zur Verfügung stellt, hat sie es mit viel Geschmack und Liebe zum Detail in ein wahres Kleinod verwandelt.

Am nächsten Morgen führt Alessandro mich stolz durch die imposante Gartenanlage mit all den reich tragenden Tomaten-, Auberginen- und Zucchinipflanzen. Zwischen den Beeten flattern zahlreiche Segelfalter umher. „Podalirio!", ruft er kennerhaft aus. Seit ich das erste Mal bei den beiden zu Gast war, das muss Anfang der 90er-Jahre gewesen sein, begleitet er meine Leidenschaft für Schmetterlinge wohlwollend und weist mich, wenn wir zusammen im Außenbereich der Wohnanlage spazieren gehen, auf jeden Falter hin, der unseren Weg kreuzt. Heute beschließen wir, dass er mich auf meiner Suche nach dem Erdbeerbaumfalter in die nahen Sonnenblumenfelder des Elsatals begleiten wird. Am Nachmittag zeige ich ihm meine Fotos und Filmaufnahmen und breite auf dem kleinen Olivenholztisch im Kellergewölbe, das er als Büro nutzt, eine Europakarte aus, um ihm meine weitere Reiseroute nach Kroatien zu beschreiben.

Tags drauf knattern wir auf seiner PS-starken weißen Vespa die Hügel in Richtung Cecina hinab. Unser

Ziel sind die Sonnenblumenfelder zwischen Poggibonsi und Staggia Senese im Herzen der Colle di Val d'Elsa, denn dort ist der Erdbeerbaumfalter zu Hause. Über dem Tal zeigt sich an diesem Morgen nicht ein Wölkchen. Von Larderello, aus dem sogenannten Tal des Teufels, glitzern die sich wie eine Riesenschlange durch die Landschaft windenden silbernen Dampfrohre des Geothermie-Kraftwerks herüber. Luciana hat uns mit Proviant versorgt, diversen mit schmackhafter Mortadella und aufgeschnittenen Tomaten belegten Ciabatte, die sich zusammen mit meinem Smartphone und Getränken in meinem Rucksack befinden.

Kurz hinter Poggibonsi machen wir halt, stellen die Vespa ab und stoßen ins Gelände vor. Ich habe Alessandro Fotos des *Charaxes* gezeigt, damit er ihn erkennen kann. Nun strebt er voller Entdeckungslust auf die zur Elsa hin abfallenden Sonnenblumenfelder zu. Immer wieder erheben sich Bussarde aus den vereinzelt zwischen den Äckern stehenden Laubbäumen, steigen kurze Schreie ausstoßend auf und ziehen weite Schleifen über der Landschaft. In den trockenen Stängeln der Sonnenblumen knackt die Wärme. Zauneidechsen rascheln durch das Gestrüpp. Einmal steigt plötzlich ein Fasan auf und macht sich mit wild schlagenden Flügeln davon.

Der Erdbeerbaumfalter, der hier von Juni bis Ende Juli fliegt, anschließend eine vierwöchige Pause einlegt und dann nochmals bis Ende August in den ausgetrockneten Feldern umher vagabundiert, ist mit einer Flügelspannweite von bis zu 90 Millimetern einer der größten und imposantesten Tagfalter Europas. Er ist gewissermaßen der Düsenjäger in der riesigen Flotte der Tagschmetterlinge: groß, vital, aggressiv und ein extrem schnittiger Flieger. Wer sich in sein Reich vorwagt, muss mit gezielter Abwehr rechnen, sturzflugartig ausgeführten Attacken, die nur eine Botschaft haben: „Raus hier, Eindringling! Verschwinde!" Der Erdbeerbaumfalter besticht durch ein wahrscheinlich einzigartiges Revierverhalten. Wer ihm zu nahe kommt, den verjagt er. Basta!

Seinen gedrungenen Leib umgeben zwei schwarzbraune, wie gepudert erscheinende und in gelben Quadraten auslaufende Flügel, die jeweils in zwei Paar dunkelblau geränderten Schwanzfortsätzen enden. Seine eigentliche Schönheit verbirgt sich auf den Unterseiten seiner Flügel: ein überwältigend vielfarbig gestuftes Muster aus rot und grau marmorierten Einschlüssen, die in einer gezackten gelben Binde auslaufen.

Der beeindruckende Falter bildet zwei Generationen pro Jahr aus und liebt es, an aufgeplatzten Feigen zu saugen. Meistens sitzen die Falter mit geschlossenen Flügeln am Fuß vertrockneter Sonnenblumen. Das trockene Knacken eines brechenden Stängels kann genügen, um seinen Abwehrreflex auszulösen, woraufhin der Falter ruckartig aufsteigt, den Eindringling ortet, in einer weiten Flugschleife ausholt und dann schnurstracks auf ihn zuhält.

„Da, da sitzt einer!", jubelt Alessandro mit ausgestrecktem Arm und beinah kindlich erregt und ich meine plötzlich, in ihm den schlaksigen brünetten Jungen zu erkennen, der er einmal gewesen sein muss. Alessandro hat sich nicht getäuscht: Ein Falter sitzt reglos mit geschlossenen Flügeln am Stiel einer Sonnenblume. Ich nähere mich ihm vorsichtig. Dann steigt plötzlich ein zweiter über den dicht an dicht stehenden Pflanzen auf. Oft besetzt der Erdbeerbaumfalter die äußeren Äste freistehender Pinien auf kleineren Anhöhen, von denen aus er sein Territorium überwacht. Sogar gegen kleinere Vögel nimmt er furchtlos den Kampf auf und es gelingt ihm meist, sie in die Flucht zu schlagen. Denn der *Charaxes* ist ein aufmerksamer Beobachter. Nichts entgeht seinen Facettenaugen und hat er den Feind einmal gesichtet, macht er mobil.

Mit kurzen, kräftigen Flügelschlägen schießt er nun ungeniert auf uns zu. „Achtung, Alessandro! Es geht los!" Er lacht. Zur Einstimmung auf unsere gemeinsame Falter-Exkursion hatte ich Alessandro am Vorabend von dem besonderen Revierverhalten des *Charaxes* erzählt. Nun kann er es hautnah erleben. Im nächsten Moment steigt ein ganzes Geschwader von Faltern aus dem Feld auf, als sei es von einer Art Warnsignal alarmiert worden. Was folgt, ist ein Spektakel, das in der Welt der Schmetterlinge zweifellos seinesgleichen sucht: Immer wieder schießen die Falter im Sturzflug auf uns herab, sodass Alessandro mehrfach den Kopf einziehen und laut lachend zurückweichen muss.

Ich aber lasse mich nicht einschüchtern und provoziere die Falter noch, indem ich mit den Armen zu rudern beginne. Das scheint sie erst recht anzustacheln, denn umkreisen sie mich bisher in ziemlich hohem Tempo, um am Ende doch abzudrehen, wagen sie sich jetzt ganz ohne Hemmungen dicht an mich heran.

Schließlich fliegt mich eines der Tiere frontal an und setzt sich auf meine Schulter, als wolle es von mir Besitz ergreifen. Vorsichtig drehe ich meinen Kopf in seine Richtung. Weil der Falter sich offenbar tatsächlich für den stolzen Sieger unserer kleinen Auseinandersetzung hält, gestattet er mir, ihn ehrerbietig zu bestaunen. „Pazzo!", ruft Alessandro fasziniert aus und fügt sogleich hinzu: „Halt still!" Dann richtet er seine Kamera auf uns und beginnt zu filmen.

Besonders auffallend sind die großen, im Sonnenlicht meerblau leuchtenden Augen des Falters, über denen sich seine pechschwarzen Fühler wie Klöppel erheben. Seine samtig braunen Flügel lassen Spuren ausgedehnter Flüge erkennen, helle Linien und kleine Risse durchbrechen die sonst geschlossene dunkle Oberfläche. Aus der Nähe betrachtet erscheinen sie mir plötzlich wie mächtige Schwingen.

Vorsichtig strecke ich ihm die rechte Hand entgegen und der Schmetterling nimmt mein Angebot tatsächlich an und setzt sich auf meine Finger. „Ganz reizend!", sagt Alessandro und filmt. „Belissimo!" Er, der die Gegend wie seine Westentasche kennt und als junger Mann im Sommer zahllose Male mit seinen Freunden hierher kam, um in der Elsa zu baden, ist sichtlich beeindruckt. Als wir wenig später hinüber zum Fluss laufen, unsere Schuhe ausziehen und mit den Füßen im Wasser die Ciabatte verzehren, die Luciana uns zubereitet hat, murmelt er immer wieder verträumt vor sich hin: „Che belle creature!"

Auf dem Rückweg zu Alessandros Vespa begegnen wir mehreren Kleinen Eisvögeln (*Limenitis Camilla*). „Die Kleinen Eisvögel", erkläre ich Alessandro, „mögen Süßes." Sie haben eine Vorliebe für Honigtau, wie die zuckrigen Ausscheidungen der Blattläuse und anderer Pflanzenschädlinge genannt werden. Aber auch vor dem Verzehr von Tierkot machen die eleganten Segler keinen Halt.

„Spezicll", sagt er und grinst. „Genau wie wir Etrusker!" Alessandro liebt nichts mehr als seine Stadt, deren historischem Verein er seit vielen Jahren vorsteht. Bei einer oder zwei Flaschen Rotwein kann er stundenlang bilderreich über die Bedeutung der Etrusker fabulieren.

„Ja", stimme ich augenzwinkernd zu, „speziell."

Auf der Rückfahrt machen wir an der Hauptstraße nach Volterra in der Molina Vecchia halt, einer zu einem Schnellimbiss umgebauten alten Mühle, und gönnen uns ein Glas Prosecco und einen Teller mit Schinken, schwarzen Oliven und frischem Weißbrot. Zur Feier des Tages bietet Alessandro mir bei einem weiteren Glas Prosecco eine seiner Zigarren an. Da sage ich nicht Nein.

Ich erzähle ihm von meinem Vorhaben, am Abend die großen Liguster- und Windenschwärmer mit meinen Lampen anzulocken und frage, ob er mir auch dabei Gesellschaft leisten wolle. „Certo!", antwortet er geradeheraus. Aber vorher müsse ich die Zuppa di Pesce probieren, die Luciana zum Abendessen kochen werde.

„Fischsuppe?", sage ich. „Con piacere! Mit Freuden!" Eine halbe Stunde später knattern wir in der trockenen Nachmittagshitze über die staubige Landstraße zurück nach Volterra.

DIE MAGISCHE NACHT VON VOLTERRA

Eines Abends im Sommer 1972 saßen wir zu dritt am Esstisch meiner Großmutter. Plötzlich flog zum geöffneten Fenster eine Hausmutter (*Noctua pronuba*) herein und umkreiste immerzu die Deckenlampe, stieß dagegen, sackte kurz ab und stieg sogleich wie ferngesteuert von Neuem auf. Ihr wild im Raum umherflirrender Schatten erzeugte für Minuten ein gespenstisches Spektakel.

„Ungeziefer zieht es zum Licht!", hatte meine Großmutter grinsend ausgerufen, war aufgesprungen und hatte mit wedelnden Händen versucht, den Eindringling zu vertreiben.

„Das Licht irritiert sie", bemerkte Viktor, nachdem er das Schauspiel eine Zeit lang interessiert verfolgt hatte.

„So? Meinst du?", erwiderte ich und fügte naseweis hinzu: „Vielleicht blendet es sie aber auch bloß? So wie es dich blendet, wenn ich dir mit meiner Taschenlampe ins Gesicht leuchte!"

„Nein", entgegnete er und erklärte mir, weshalb Nachtfalter auf jede Lichtquelle in ihrem Sichtfeld wie magnetisch angezogen zufliegen. „Nachtfalter orientieren sich bei ihren nächtlichen Flügen an der Position des Mondes. Er dient ihnen als ein fixer Orientierungspunkt. Um geradeaus fliegen zu können, peilt der Nachtfalter den Mond in einem bestimmten Winkel an, den er im Flug beizubehalten versucht. Wenn aber eine weitere Lichtquelle, zum Beispiel eine Straßenlaterne, in sein Blickfeld gerät, wird er schnell abgelenkt. Wegen ihrer geringeren Entfernung sind die meisten künstlichen Lichter nämlich viel heller. Der Falter, der sie irrtümlich für den Mond hält, reagiert sofort auf den anscheinend veränderten Winkel, indem er seine Flugbahn neu auszurichten versucht. Er bemüht sich, die ursprüngliche Winkelstellung wieder einzunehmen, um geradeaus weiterzufliegen. Die ständigen erfolglosen Kurskorrekturen führen jedoch zu einer völligen Desorientierung des Falters. Daher sein bizarr erscheinender Spiralflug. Für viele Falter endet er fatal, weil sie Hitze erzeugenden Lampen, Autoscheinwerfern oder Kerzenflammen zu nahe kommen und sich dabei die Flügel verbrennen."

„Und woher weißt du das alles?", fragte ich, nachdem Viktor mit seinen Erläuterungen geendet hatte, und sah ihn mit großen Augen an.

„Ich weiß es eben", antwortete er, schmunzelte vielsagend und steckte sich genüsslich eine Zigarette an. Ja, er wusste es einfach. Wie auch vieles andere über Schmetterlinge.

Beobachter von Nachtfaltern machen sich den Anziehungseffekt erfolgreich zunutze, indem sie diese mit Lampen von ihren natürlichen Flugbahnen abbringen. Auf diese Weise sind die Falter leichte Beute. Einmal in den grellen Lichtkegel einer Lampe geraten, gibt es für die bei ihrer Navigation gestörten Tiere kein Entrinnen.

Als ich mein erstes Schmetterlingsbuch, *Tagfalter* von Othmar Danesch, geschenkt bekam, verfügte ich dank meiner Gespräche mit Viktor bereits über ein recht profundes Falterwissen. Schon zu Grundschulzeiten hielt ich meinen Mitschülern immer kleine Vorträge, wenn wir an Wandertagen mit der Klasse in die nähere Umgebung Hanaus aufbrachen und dort Schmetterlinge sahen.

Ich erzähle Alessandro die Geschichte von der Hausmutter und Viktors Lektion über den Spiralflug, während ich meine Lampen aufstelle und er das weiße Betttuch, das Luciana ihm mitgegeben hat, zwischen zwei Eisenstangen befestigt. Aus dem Talkessel dringt das vertraute Jaulen der Jagdhunde herauf. Nachdem wir die Eisenstangen in einem der Blumenbeete vor dem Haus in die Erde gerammt haben, justiere ich meine Lampen so, dass sie das Tuch in ein gleißendes Quadrat verwandeln. Erwartungsvoll nehmen wir auf unseren Gartenstühlen Platz und Alessandro prostet mir mit seinem halbvollen Rotweinglas zu.

Er ist ein wissbegieriger Partner und stellt mir im Lauf des Abends viele Fragen. „Warum fliegen Schmetterlinge am Tag und nur bei Wärme? Nehmen sie Nahrung auf? Und kennen sie Durst wie wir?" Also versorge ich ihn, indes wir gespannt auf das hell strahlende Laken starren, mit ein wenig entomologischem Basiswissen.

„Schmetterlinge sind wechselwarme Tiere, genau wie Eidechsen", beginne ich, während sich erste kleinere Besucher nähern und ihre tanzenden Schatten auf das Laken werfen. „Sie sind quasi solarbetrieben und abhängig vom Sonnenlicht. Ist es trüb, wagen sie sich nur ungern aus ihren Verstecken. Die Sonne versorgt sie mit der Energie, die sie zum Fliegen und Suchen von Nektar benötigen. Bekommen sie zu wenig davon, können sie im schlimmsten Fall sogar sterben. Steigen die Temperaturen dagegen zu stark, suchen sie Schutz an schattigen Plätzen und meiden offenes Gelände. Sonst droht ihnen Austrocknung oder der Hitzetod."

Ich erzähle ihm vom Gemeinen Bläuling (*Polyommatus icarus*), der aus der Not eine Tugend macht und die Sonnenstrahlen, die seine Flügel treffen, einfach ablenkt. „Dank der besonderen Struktur seiner Flügel stellt die Sonne für ihn keine Gefahr dar, denn ihre spezielle Oberfläche ist energieabweisend. Dadurch wird ein Überhitzen zuverlässig verhindert. Seine Flügel sind mit sogenannten photonischen Kristallen bestückt. Sie reflektieren das Licht aber nicht vollständig, sondern absorbieren es zumindest teilweise. Die Wellenlängen im roten Bereich des Lichtspektrums werden von ihnen geschluckt, blaues und UV-Licht hingegen werden reflektiert. Das erklärt, weshalb diese Schmetterlinge am Morgen ihre Betriebstemperatur erreichen, in der Mittagshitze aber nicht verbrennen. Außerdem erklärt die Farbsortierung die blaue Färbung des Falters.“

„Faszinierend!“, sagt Alessandro, der mich über seine randlose Brille hinweg wie gebannt ansieht.

„Das gilt aber nur“, füge ich abschließend hinzu, „für Falter in konstant warmen Regionen. Bläulinge in Bergregionen sind auf jeden Sonnenstrahl, den sie erhaschen können, angewiesen. Darum sind sie auch in der Regel eher bräunlich gefärbt.“

„Und wahrscheinlich haben sie bei großer Hitze Durst und suchen Bäche auf“, mutmaßt mein Freund.

„Viele, ja“, sage ich. „Sie trinken mit Hilfe ihrer Rüssel an Pfützen. Sie tun das aber vor allem, um Mineralsalze aufzunehmen, die für sie lebensnotwendig sind. Einige ausgewählte Arten bevorzugen Tierexkremente wie Schweiß oder Urin, etwa der Große Schillerfalter oder der Kleine Eisvogel. In Brasilien vorkommende Eulenfalter machen etwas ganz Verrücktes: Sie stehlen die Tränenflüssigkeit schlafender Vögel, indem sie ihre speziell geformten Saugrüssel unter deren Lider schieben, ihre Augäpfel reizen, worauf es zur Tränenproduktion kommt, und dann die austretende Flüssigkeit absaugen. Andere Schmetterlinge tun das Gleiche bei Krokodilen und kleineren Säugetieren. Bei bestimmten Eulenfaltern sind die Saugrüssel zu Stechrüsseln umfunktioniert, mit denen sie unter die Haut ihrer Opfer dringen und deren Blut trinken können."

Alessandro schüttelt sich kurz angewidert. Doch ich fahre unbekümmert fort. „Bei den meisten Pfauenspinnern, also zum Beispiel dem Kleinen Nachtpfauenauge, ist der Rüssel verkümmert. Genau wie bei einigen Schwärmern, etwa dem Lindenschwärmer oder dem Pappelschwärmer." Ich zeige ihm die entsprechenden Abbildungen in dem Schmetterlingsbuch, das vor uns auf dem Tisch liegt. „Sie leben bis zur Paarung ausschließlich von den Reserven, die sie schon seit dem Raupenstadium gespeichert haben."

Schließlich wenden wir uns wieder dem angestrahlten Laken zu und bestaunen die Vielfalt unserer Besucher. Irgendwann ist es soweit: Ein stattlicher Ligusterschwärmer (*Sphinx ligustri*) gibt sich die Ehre. Mit einer Spannweite von bis zu 120 Millimetern zählt dieser Schwärmer zu den größten Nachtfaltern Europas. Er ist ein Einzelgänger unter den nachtaktiven Großschmetterlingen. Viel häufiger als die ausgewachsenen Imagines findet man seine fleischigen Raupen, die an Liguster und Flieder fressen. Bei einer Störung richtet die hellgrüne Raupe reflexartig den vorderen Teil ihres Körpers sphinxartig auf, um möglichst bedrohlich zu wirken und Angreifer in die Flucht zu schlagen.

Schmetterlinge sind sämtliche Entwicklungsstadien hindurch Bedrohungen ausgesetzt. Bei den Feinden handelt es sich allen voran um Insekten fressende Singvögel, zumeist heimische Meisenarten. Gelegentlich fallen sie auch Spinnen zum Opfer, Netz- und Krabbenspinnen, die ihnen auf Blüten auflauern. Es mag überraschen, wie klein die giftigen Fallensteller im Vergleich zu ihren Beutetieren sind. Zuletzt sind die Schlupfwespen zu erwähnen, parasitäre Brack- und Erzwespen, die den Schmetterlingsraupen ihre Eier mit einem Stich injizieren und nach und nach die weitere Entwicklung der Raupen steuern, sodass am Ende statt eines Falters eine Wespe schlüpft.

Im grellen Licht meiner LEDs ist der Ligusterschwärmer deutlich sichtbar, während er das helle Laken anfliegt. Er hat keilförmige, bräunlich-rosa marmorierte Vorderflügel, die in einer dunklen Längsbinde auslaufen. Seine kleineren, rosa gefärbten Hinterflügel sind mit langen schwarzen Flecken gebändert. Die kräftige Rückenpartie schmückt ein dichtes dunkles Haarkleid. Die Ligusterschwärmer sind ausdauernde Flieger, die an lauen Sommerabenden die Blüten anfliegen.

„Die habe ich schon öfter gesehen!", bestätigt Alessandro und berichtet mir, dass sie regelmäßig die Blumen in seinem Garten besuchen.

Wer den Ligusterschwärmer in unseren Breiten *in natura* sehen will, kann ihn bisweilen während der

Dämmerung im näheren Umkreis heller Außenbeleuchtungen vorfinden, aber auch in sommerlichen Gärten mit Phlox- oder Ligusterbeständen. Insgesamt ist dieser Falter aber in Deutschland sehr selten.

Inzwischen ist um uns die Nacht hereingebrochen. Eine Zeit lang schwebt der sanfte Riese noch surrend vor dem leuchtenden Leinenquadrat, dann macht er Platz für zwei Abendpfauenaugen. Dieses Pärchen findet offenbar Gefallen daran, die helle Fläche als Kulisse für seinen Liebestanz zu nutzen. Sicher sind die beiden von den nahen, bewaldeten Hängen herübergekommen. Vor unseren Augen führen sie mit unnachgiebigem Eifer ihr anmutiges Schauspiel auf, bis der größte aller nächtlichen Wanderer die Regie übernimmt: Ein riesiger Oleanderschwärmer hat sich zu meiner Freude in unser Licht verirrt.

Auf den ersten Blick kann man diesen Falter wegen seiner schieren Größe gar mit einer Fledermaus verwechseln. Seine Spannweite beträgt bis zu 120 Millimetern. Es heißt, seine Fluggeschwindigkeit erreiche Spitzenwerte von 100 Stundenkilometern. Auch die Länge seines Rüssels ist mit bis zu 130 Millimetern rekordverdächtig. Mit Vorliebe besucht dieser schwergewichtige Schönling im Hochsommer die Blüten von Stechapfel- und Tabakpflanzen. Eigentlich ist er in den Tropen Afrikas und

Asiens zu Hause. In Europa ist er nur selten und auch nur im äußersten Süden anzutreffen – auf Sizilien, Kreta und der südlichen Peloponnes. Aller Wahrscheinlichkeit nach handelt es sich auch bei diesem Exemplar um einen Reisenden aus Griechenland. Verglichen mit den kleinen Eulen, die sich gemeinsam mit ihm im Lichtkegel tummeln, wirkt er wie ein Jumbo Jet neben lauter Cessnas.

Als wir gegen halb eins unsere stark erhitzten Lampen ausschalten, lässt sich die Zahl unserer Besucher auf 15 verschiedene Arten beziffern. Und so gehen wir nach einem letzten Glas Rotwein in dem Bewusstsein hinauf in unsere Wohnungen, eine magische Nacht erlebt zu haben: die magische Nacht von Volterra.

IM REVIER DER FÜCHSE

Nach einer letzten, kurzen Nacht in ihrem Haus verabschiede ich mich von Luciana und Alessandro und nehme frühmorgens am Bahnhof im Tal von Volterra den ersten Zug der Trenitalia nach Bologna, wo gegen Mittag mein Anschluss nach Abano Terme abfährt.

In den dicht bewaldeten Euganeischen Hügeln rund um die Kleinstadt Galzignano Terme, die zur Provinz Padua gehört und für ihre Thermalquellen berühmt ist, hatte ich vor Jahren einen Großen Fuchs (*Nymphalis polychloros*) beobachtet, den großen Bruder des in mitteleuropäischen Parks und Gärten heimischen Kleinen Fuchses (*Aglais urticae*). Der Kleine Fuchs, der auch als Nesselfalter bezeichnet wird, da seine dornigen Raupen ausschließlich an der Großen Brennnessel fressen, zählt zu den häufigsten Tagfaltern Europas und ist sogar am Pazifik und in Asien zu finden. Der Große Fuchs wird unterdessen immer seltener und sein Verbreitungsgebiet erstreckt sich nicht so weit nach Norden. Zuletzt wurde der vom BUND zum Schmetterling des Jahres 2018 gekürte Falter wieder in Oberbayern beobachtet, in den übrigen Teilen Deutschlands sucht man ihn vergebens.

Im Zuge der Intensivierung der Land- und Forstwirtschaft wurden zahllose Streuobstwiesen, das eigentliche Biotop des Falters und seiner Raupen, in Plantagen, Äcker und Bauland umgewandelt, was einen deutlichen Rückgang der Bestände zur Folge hatte. So steht der Große Fuchs inzwischen auf der Roten Liste der gefährdeten Tierarten in Deutschland und auch in Österreich ist der sensible Bioindikator nur noch lokal und in kleinen Populationen anzutreffen.

Der Große Fuchs und der Östliche Große Fuchs (*Nymphalis xanthomelas*) lassen sich nur anhand der hinteren Flügelenden eindeutig auseinanderhalten: Bei beiden Faltern tragen diese einen Saum aus blauen Flecken, die beim Großen Fuchs jedoch sehr viel schwächer ausgeprägt sind als bei seinem östlichen Verwandten. Der östliche Fuchs stammt aus dem ostasiatischen Raum einschließlich des Himalaya. Sammler, welche die in der Natur gefundenen Raupen mit nach Deutschland brachten, die anschließend daraus schlüpfenden Falter verpaarten und auswilderten, machten ihn Mitte des 20. Jahrhunderts auch bei uns heimisch, sodass wiederholt Exemplare in den Bundesländern Berlin, Brandenburg und Thüringen nachgewiesen werden konnten. Heute ist der Östliche Große Fuchs in Deutschland verschollen und wird deshalb auf der Roten Liste in der Kategorie Null geführt.

Die zirka 45 Millimeter langen Raupen des gewöhnlichen Großen Fuchses leben in Kolonien an Salweide und Zitterpappel. Der ausgewachsene Falter zählt zu den imposantesten heimischen Edelfaltern. Seine orangefarbenen, leicht pudrig wirkenden Flügeloberseiten sind mit schwarzen Flecken übersät und tragen einige gelbe und weiße Einsprengsel. Insgesamt sind sie deutlich matter als die des Kleinen Fuchses, bei dem auch die blauen Saumflecken prominenter und strahlender erscheinen. Die Hinterflügel des Großen Fuchses sind fast durchgängig orange und tragen je einen schwarzen Punkt. Sitzt der Falter in der Mittagszeit mit geschlossenen Flügeln am Stamm eines Obstbaums, ist er durch ihre braungrau marmorierte Zeichnung bestens an den Untergrund angepasst und beinah unmöglich zu entdecken. Da er nur sehr selten Blüten aufsucht und stattdessen austretende Baumsäfte als Nahrung bevorzugt, ist sein Studium alles andere als leicht zu bewerkstelligen. Immerzu ist dieser ruhelose, äußerst vorsichtige Geist von einem Ort zum nächsten unterwegs.

Als der Zug nach mehreren Zwischenstopps um halb zwölf endlich im Bahnhof Bologna-Centrale einfährt, liegen viereinhalb Stunden Fahrt hinter mir. Mein Anschlusszug legt die verbleibenden 130 Kilometer nach Montegrotto in rund 50 Minuten zurück, sodass ich gegen 13 Uhr am Zielort eintreffe. Den Vorplatz des kleinen Bahnhofs Terme Euganee taucht die hoch stehende Mittagssonne in ein betäubendes Weiß, das mich derart blendet, dass ich reflexartig meinen Panama in die Stirn ziehe. Laut Wetter-App auf meinem Handy liegt die Temperatur heute bei 33 Grad Celsius. Nach der quälend langen Reise in den nicht klimatisierten Zügen habe ich bloß noch den Wunsch, mich in die angenehme Kühle meines Zimmers zurückzuziehen, das ich wie schon bei meinem letzten Besuch im wundervollen Hotel Garden Terme gebucht habe. Inmitten einer großflächigen, von Schatten spendenden Pinien und Feigenbäumen dominierten Gartenanlage bildet das Hotel eine Oase der Ruhe an den Ausläufern der Colli Euganei.

Dieses weitläufige Hügelland, an dessen Waldrändern der Große Fuchs zu Hause ist, erhebt sich zwischen der Poebene und der Stadt Padua und ist vulkanischen Ursprungs. Seine mitunter steinigen Ausläufer überzieht eine immergrüne Macchia. Auf den trockenen Böden wachsen Liguster, Weißdorn, Ginster und Erika, sodass die Raupen des Kleinen Nachtpfauenauges, des Ligusterschwärmers und des Brombeerspinners (*Macrothylacia rubi*) ideale Bedingungen für ihre Entwicklung vorfinden. Vor allem die großen, kastanienbraunen und dicht behaarten *Macrothylacia*-Raupen lassen sich im Herbst rasch erkennen, wenn sie die äußeren Äste der Weißdornbüsche erklimmen. Man sollte es allerdings vermeiden, die Raupen mit bloßen Fingern zu berühren, da sie über Brennhaare verfügen, die heftige allergische Hautreaktionen auslösen können.

Streift man durch das niedrige Buschwerk, kann es durchaus vorkommen, dass eine Ringelnatter oder eine Gelbgrüne Zornnatter den Weg kreuzt oder aus dem eintönigen Grün die schwarz-gelbe Haut eines Feuersalamanders aufleuchtet. Zudem bieten die Colli Euganei Wiedehopf, Neuntöter, Schwarzmeise und Goldamsel ein Refugium. In den Sommermonaten brütet hier der Ziegenmelker. Auch Mäusebussarde, Turm- und Baumfalken kann man über den Hügeln umherziehen sehen.

Den ersten Nachmittag verbringe ich in der weitläufigen Badeanlage des Hotels, denn bei Temperaturen über 30 Grad stellt der Große Fuchs seine Erkundungsflüge ebenso ein wie die meisten anderen Schmetterlinge. Er zieht sich aus der Mittagshitze in den Schatten zurück, ehe er gegen Abend noch einmal kurz aufbricht. Meinen ersten Ausflug in die nahen Hügel plane ich für den nächsten Vormittag.

Inzwischen bin ich fast fünf Monate unterwegs. Beim Scrollen durch die Fotodateien auf meinem Smartphone fliegen die hinter mir liegenden Stationen meiner Reise noch einmal in Sekundenschnelle an mir vorbei: Samos, die spanische Sierra de Guadaramma, das Volterra- und das Cecina-Tal – und nun also die Colli Eugenei. Weitergehen wird es an die kroatische Felsenküste, dann in die Tiroler Berge, ins schweizerische Gstaad und ins Engadin sowie zu guter Letzt in den Bayerischen Wald.

Schmetterlingen nachzustellen ist, als jage man flüchtigen Geistern hinterher, kurz aufleuchtenden und rasch wieder verschwindenden Erscheinungen, deren inneres Wesen uns trotz aller Bemühungen verborgen bleibt. Natürlich bleibt es ein erhebender Moment für jeden passionierten Jäger, wenn er das Objekt seiner Begierde im Fangnetz weiß. Doch jeder Fang markiert auch das ernüchternde Ende einer drängenden Sehnsucht. So wird auch mir beim Gang durch die Fotogalerie meines Smartphones bewusst, in welchem Ausmaß sich meine über viele Jahre geführte Wunschliste mit jeder weiteren Etappe meiner Reise verkürzt. Mich überkommt stets ein Hauch von Wehmut, wenn ich einen weiteren Schmetterling von meiner persönlichen „Sehnsuchtsliste" streichen muss. Auf dieser Tour ergeht es mir, etwa mit dem Isabellaspinner oder dem Falschen Apollofalter, nicht anders. Denn so, wie man nach Heraklit nicht zweimal in den gleichen Fluss steigen kann, gibt es auch für Entomologen kein zweites Mal.

Man mag im Lauf der Jahre und Jahrzehnte hunderte von prächtigen Schwalbenschwänzen zu Gesicht bekommen, doch keine dieser Begegnungen reicht an den unvergesslichen Zauber des ersten Anblicks heran. Der Schriftsteller Ernst Jünger beschrieb die Erinnerung an diesen zauberischen Moment in seinem bekannten Käferbuch *Subtile Jagden*: „Als ich es aus dem Netz nahm und die prachtvollen Flügel entfaltete, begann mein Herz heftig zu schlagen, das Blut stieg mir zu Kopfe, und ich fühlte mich einer Ohnmacht näher, als hätte ich dem Tode ins Auge geschaut." Diese Erschütterung ist mir sehr wohl vertraut.

Als Junge weckte mich manchmal mitten in der Nacht die Sehnsucht, doch endlich einen Trauermantel (*Nymphalis antiopa*) mit eigenen Augen zu sehen. Dann schaltete ich meine kleine Nachttischlampe an und besah mir in ihrem Schein mit klopfendem Herzen die geheimnisvolle Abbildung in meinem Schmetterlingsbuch. Als ich mit ungefähr 16 Jahren in Südspanien tatsächlich einen ersten Trauermantel in freier Wildbahn erblickte, glaubte ich, ihn mit jeder Zelle meines Körpers spüren zu können. Das Gefühl war Erfüllung und Enttäuschung zugleich. Ich verstand aber nicht, weshalb mich hinterher diese seltsame Niedergeschlagenheit überkam. Inzwischen meine ich, den Grund zu kennen: Die Schönheit des Falters hatte mich schlicht und ergreifend überwältigt.

Der Trauermantel hatte sich zum Sonnen auf einer Steinmauer, die als Umgrenzung eines Feldes diente, niedergelassen und ohne jede Furcht seine braunvioletten, von blauen Würfeln und einer senfgelben Binde gesäumten Flügel vor mir ausgebreitet, als wollte er mir anerkennend sagen: „Du hast so lange auf mich gewartet. Hier bin ich nun, sieh mich an!"

Was ich damals fühlte, hatte etwas von einer schmerzlichen Erleuchtung. Es war, als habe mir der Falter Einblick in das geheime Innere seines Wesens gestattet, bevor er sich zu meinem Bedauern erhob und mit einer Serie kurzer, kräftiger Flügelschläge verschwand. Eben noch hatte es nur ihn und mich gegeben und schon war alles wieder vorbei. Auf dem Rückweg zum Campingplatz, auf dem unser Hauszelt stand, empfand ich, was Ernst Jünger einst mit den Worten beschrieb: „Die Schönheit will uns des Eigenen berauben; wird sie zu stark, so würde sie uns der Zeit entrücken."

Am nächsten Morgen steuere ich den alten wasserblauen Fiat Cinquecento, den Carlo, der Rezeptionist des Garden Terme, mir freundlicherweise überlassen hat, nach Südwesten in Richtung Case Forestan, stelle ihn am Eingang des Parco Regionale di Colli Euganei ab, schultere meinen Rucksack und beginne den Ausflug in die Macchia. Noch steigt die Sonne ihrem höchsten Punkt entgegen und die Temperatur ist angenehm, doch schon in einer Stunde wird die Quecksilbersäule wieder die 30-Grad-Marke übersprungen haben. Über dem Tal liegen Dunstschleier, welche die Konturen der fernen Straßen und Häuser verwischen.

Nach einer halben Stunde Fußmarsch erreiche ich den Waldrand. Die zwischen dem Blätterdach hindurchscheinende Sonne sprenkelt den Weg mit Millionen heller Flecken, die ein Muster im Schatten des Waldbodens erzeugen. Nach rechts und links halte ich Ausschau nach dem Großen Fuchs. Im Frühling legen die weiblichen Falter an der Rinde der blühenden Weiden ihre Eier ab, doch jetzt im Sommer sind vor allem schattige Plätze gesucht. Ich gelange an den jenseitigen Waldrand, hinter dem eine leicht abschüssige Hangfläche mit einigen frei stehenden Aprikosen- und Apfelbäumen liegt. Im Schatten der Obstbäume schaue ich mich um. Dabei scheuche ich einen Mauerfuchs (*Lasiommata megera*) auf, der es oft genießt, in den Lichtflecken, die den Boden sprenkeln, zu sitzen.

Der in den Alpen weit verbreitete, im Tiefland jedoch selten gewordene Mauerfuchs ist eine unterschätzte Schönheit. Wie er gerade knapp einen Meter von mir entfernt stolz seine orange-grauen Flügel präsentiert, die von zwei weiß gekernten Augenflecken dominiert werden, entfaltet sich sein samtener Schimmer. Bereits für diesen Anblick hat sich mein heutiger Ausflug gelohnt.

Es riecht so würzig und süß, als stauten die oberhalb des Hangs dicht stehenden Eichen den Geruch reifender Früchte wie das Glas eines Gewächshauses. Während die Zeit dahinkriecht, spüre ich das stete Steigen der Temperatur. Im trockenen Geäst der Bäume knackt die Hitze, vom Himmel herab ertönen immer wieder die Schreie der Bussarde. Dann endlich jagt der erste Große Fuchs im schnellen Zickzackflug zwischen den Apfelbäumen umher. Kaum habe ich ihn ausgemacht, ist er auch schon aus meinem Sichtfeld entschwunden. Also bewege ich mich vorsichtig durch die Reihen der Obstbäume, bleibe wiederholt stehen und suche die Stämme nach ruhenden Faltern ab. Nach einer Viertelstunde nähert sich von Nordosten ein umeinander kreisendes Paar. Bei ihrem Flug über die Obstwiese kann ich die beiden Verliebten nur sehen, solange das Sonnenlicht sie beleuchtet, immer wieder verschwinden sie im Schatten der Bäume, um plötzlich von Neuem aufzutauchen. Erschöpft bricht das Weibchen aus dem Liebestanz aus und das Männchen tut mir den Gefallen, mit einer weit ausholenden Schleife zur Landung auf einem Apfelbaumstamm auszuholen und sich darauf niederzulassen.

Vorsichtig nähere ich mich dem Falter in der Hoffnung, er möge mir einen Blick aus nächster Nähe auf seine geschlossenen, steil aufragenden Flügel gönnen. Müde von dem aufregenden Balzflug krabbelt er ein Stück an der schroffen Borke hinauf, aus dem Schatten hinein in einen kleinen Lichtkreis, um in der Sonne auszuruhen. Der Falter öffnet ganz langsam seine Flügel, die an den äußeren Rändern gezackt sind. Ungehindert vom Licht angestrahlt entfaltet ihr warmer brauner Grundton seine ganze Wirkung.

Ich verharre reglos und genieße den außergewöhnlichen Augenblick, den der Große Fuchs mir beschert: die allmähliche Veränderung seiner Körperstellung wie in Zeitlupe, das minimale, ruckartige Verstellen seiner Fühler, mit denen er die Umgebung sondiert, und das kurze Ausgreifen der beiden Vorderbeine, als wolle er mich noch näher herbeiwinken.

All die feinen Bewegungen seiner winzigen Glieder erzeugen ein entzücktes Behagen in mir, denn durch sie teilt sich mir nach Ernst Jünger „der Rhythmus des Lebens mit, dem auch der Herzschlag folgt." Gebannt lasse ich mich von den erlebten Wonnen einschläfern, bis ich für eine Sekunde dem eigenen Körpergewicht nachgebe, es überraschend trocken knackt, weil ich auf einen am Boden liegenden Ast getreten bin, und der Falter sich erschrocken aufschwingt und davonflattert. Ungläubig, wie aus einem Sekundenschlaf erwacht, blicke ich dem Großen Fuchs nach, löse mich endlich aus meiner Erstarrung, rücke den Rucksack zurecht und gehe weiter.

Zwei Stunden später verlasse ich das Revier der Füchse, nachdem ich im Schatten eines Aprikosenbaums Siesta gehalten habe, und kehre zum Auto zurück. Die Nebelschleier im Tal haben sich längst unter den Strahlen der unbarmherzigen Sonne aufgelöst. Die überall hellrosa leuchtenden Disteln, auf denen sich bei meiner Ankunft Pfauenaugen und Schachbrettfalter drängten, sind verwaist. Nur nimmermüde Kohlweißlinge sprenkeln noch die grünen Hänge. Über die Colli Euganei regiert die Hitze eines herrlichen Sommernachmittags.

SENTIMENTALE RÜCKKEHR

Vor der großen Hitze zurückgezogen hinter die schützenden Mauern des Garden Terme verbringe ich die nächsten fünf Tage am Pool, lese beeindruckt John Steinbecks Roman *Früchte des Zorns*, den ich in der kleinen Hausbibliothek entdeckt habe, und unternehme vormittags und in der einsetzenden Dämmerung Spaziergänge in die nähere Umgebung. In Abano Terme gibt es ein kleines Schmetterlingshaus mit tropischen Faltern. Carlo, der Rezeptionist des Hotels, weist mich nachdrücklich darauf hin, als ich ihm vom Grund meiner Reise erzähle. Doch das Ganze erweist sich als ziemlich traurige Angelegenheit, denn abgesehen von ein paar Bananenfaltern (*Caligo*) und einer Handvoll Blauen Morphos (*Morpho peleides*), die träge um die tropischen Kübelpflanzen kreisen, besteht die Ausstellung nur aus einigen zerfledderten und vergilbten Wandplakaten.

Enttäuscht mache ich mich auf den Rückweg ins Hotel, denn bei Temperaturen um 35 Grad ist die Suche nach Schmetterlingen im Freien den Aufwand nicht wert. Aus ihren schattigen Verstecken wagen sie sich nur am frühen Morgen für vereinzelte Erkundungsflüge hervor. Ein Temperaturrückgang, heißt es im italienischen Fernsehen, ist für die kommenden Wochen nicht in Sicht.

Da ich ohnehin mit einem alten Freund in Porec, in Kroatien, verabredet bin, nehme ich Ende der Woche

den Trenitalia nach Florenz, wo ich in den Anschlusszug nach Rom umsteige. Gegen 18 Uhr geht von Fiu-
micino eine Maschine der Croatia Airlines nach Split.
Kurze Zeit später lande ich in der zweitgrößten Stadt
Kroatiens. Im Volksmund gilt die zirka 180.000 Einwohner zählende Stadt als Hauptstadt der südkroa-
tischen Region Dalmatien. Der historische Stadtkern
wurde 1999 von der UNESCO zum Weltkulturerbe
erklärt. Flaniert man durch die engen
Gassen, versteht man, weshalb. Die
ockerfarbenen Bauwerke aus dem
3. Jahrhundert n. Chr. zeugen von
der langen Geschichte der Hafenstadt
und einstigen Metropole der Provinz Dalmatien. Die Altstadt mit ihren engen Innenhöfen und
Gassen, die den Himmel in blaue Streifen kanalisieren,
hat etwas von einem Labyrinth und überall stößt man
auf mächtige, festungsartige Mauern, auch beim Dio-
kletian-Palast, welcher das Herz Splits markiert. Das
Lachen der Kinder und das klatschende Auffliegen der
Tauben hallt in den engen Fluchten lange nach und es
ist, als erwarte einen gleich um die Ecke, unweit des
Peristil-Platzes, die Pforte zum Paradies, hinter der ein
freundlicher Dalmatiner einen wunderbar würzigen
Kaffee kredenzt. Vor dem Diokletian-Mausoleum sitzen Straßenmusiker im Halbschatten und lauern auf
die Münzen der Touristen. In den Blumenkästen leuch-

ten die flammenden Blüten der Geranien und immer wieder beflaggen dicht bestückte, von Hauswand zu Hauswand gespannte Wäscheleinen die engen Himmelskanäle. Es ist, als laufe man durch die den Mauern eingeschriebene Geschichte, die leise zu einem spricht.

Dieser Teil meines Schmetterlingsjahrs ist gleichbedeutend mit der Rückkehr zu meinen biografischen Wurzeln, an die Anfänge meiner Aktivitäten als Schmetterlingssammler. Denn im sozialistischen Porec des Jahres 1967, das zu Jugoslawien gehörte, nahm alles seinen Anfang. Dies war der Ausgangspunkt für meine Exkursionen mit Viktor kreuz und quer durch Europa, hier hatten wir unser Hauptquartier, in dem wir zahllose gemeinsame Stunden mit der Arbeit an den Spannbrettern und mit Fachsimpelei verbrachten.

Mehrmals brachen wir trotz des vehementen Protests meiner Großmutter mitten im laufenden Schuljahr mit seinem roten Opel Rekord zu einer unserer Exkursionen auf, weil gerade irgendein Falter seine auf wenige Wochen begrenzte Flugzeit begonnen hatte. Nach unserer Rückkehr aus Rijeka, Pula oder Porec schrieb mir meine Großmutter jedes Mal widerwillig umständliche Entschuldigungsbriefe, in denen sie fadenscheinige Begründungen für meine Abwesenheiten von der Schule erfand. Diese Fahrten gehören zu den stärksten Eindrücken meiner

Kindheit. Es waren besondere Auszeiten voller Freiheit und Glückseligkeit.

Dass Viktor die Touren ganz nebenbei nutzte, um in Porec bei einem Campingplatzbetreiber namens Milan ausrangierte jugoslawische Militär-Handfeuerwaffen zu kaufen, die er unter Decken versteckt im Kofferraum unseres Wagens über die Grenzen schmuggelte, verlieh unserem Trip zusätzlich den Hauch eines gefährlichen Abenteuers. Später habe ich Viktor einmal auf die Waffen angesprochen, worauf er antwortete, er habe sie an einen befreundeten Polen, einen Frankfurter Schrotthändler, veräußert, der sie wiederum an Leute im Warschauer Untergrund gab.

Bis zu seinem Tod im Jahr 1980 habe ich Viktors dunkle Geschäfte nie ganz durchschaut. Heimlich habe ich ihn aber immer dafür bewundert. Er war auch sonst ganz anders als die Väter der Jungs, mit denen ich mich in Hanau-Kesselstadt herumtrieb. Er verbrachte seine Tage nicht in irgendwelchen Büros, sondern lag die meiste Zeit in dem Hinterhof, in dem wir kickten, unter Autos, an denen er herumschraubte. Er hämmerte, schweißte, lötete, drehte und sägte und formte aus allen erdenklichen Werkstoffen die anmutigsten Gebilde. Als ich fünf war, bastelte er mir ein Indianer-Fort aus

Plexiglas, das er braun anstrich. Alle meine Freunde beneideten mich darum. Und auch die Schaukästen, die er für unsere Falter baute, waren echte Kunstwerke.

Viktor war anders in allem, was er dachte und tat. Er war wie die Männer in den Western und Abenteuerfilmen, die ich als Junge so gern sah – er war mein Held und mein Vorbild. Regeln schienen für ihn nicht zu gelten. Er lebte nach seinen eigenen. Im Engadin brach er zum Beispiel kurzerhand einen am Straßenrand stehenden englischen Austin Morris auf, indem er einen gebogenen Draht, den er geschickt oberhalb der Scheibe einführte, hinabließ und den Türknopf aufhebelte, um einen darin gefangenen Großen Schillerfalter zu befreien. Die alarmierten Besitzer, ein älteres Paar aus Brighton, trauten ihren Augen nicht und hielten uns für Autodiebe. Doch als wir sie auf den an der Heckscheibe auf und ab flatternden Falter hinwiesen, legte sich ihre Skepsis, wir befreiten den Falter und die Episode endete in ausgelassenem Gelächter.

Nach meiner Landung in Split verbringe ich eine Nacht in einem Hotel am Hafen. Mit einem Mietwagen geht es am folgenden Tag weiter zu dem nördlich von Porec gelegenen Campingplatz *Laterna*, wo ich gegen Mittag Stefan Lindmann treffe. Genau hier hatten Stefan und ich uns 1967 kennengelernt und seitdem über all die Jahre Kontakt gehalten. Immer wieder hatten wir eine gemeinsame Rückkehr an den Ort unseres ersten

Zusammentreffens beschworen, ohne dass es je dazu gekommen wäre. Umso größer ist die Freude, dass es endlich geklappt hat.

Als Stefan nun vor mir steht, ein an den Schläfen ergrauter, um die Hüften etwas rundlicher Endfünfziger, fällt es mir einen Moment lang schwer, ihn mit dem dünnbeinigen Achtjährigen in Einklang zu bringen, der gemeinsam mit Viktor und mir durch die nahen Hügel streifte, auf den zum Meer hin stufig abfallenden Steinplateaus herumkletterte und mit seinem Netz nach allem schlug, was unseren Weg kreuzte.

Wir haben vor, zehn Tage auf dem Campingplatz zu verbringen und die nahen Küstenhänge aufzusuchen, an denen Berghexen, Samtfalter und Waldportiers fliegen. Stefan liegen vor allem die plumpen, grasgrünen Raupen des Segelfalters sehr am Herzen.

Der mit einem À-la-carte-Restaurant, diversen Swimmingpools und einem Beachparty-Areal ausgestattete Campingplatz befindet sich 13 Kilometer von Porec entfernt auf der Halbinsel Laterna und bietet heute sage und schreibe 9000 Besuchern Platz. 1967 verloren sich die Zelte noch auf der riesigen Fläche, in der kleinen Bucht ankerten einsame Boote und der einzige Luxus, den das kleine Verwaltungsbüro bot, waren ein Flipperautomat und ein Billardtisch. Frisches Wasser holte man sich aus der nahen Zisterne und morgens kam ein kleiner Kombi, aus dem ein braungebrannter junger Mann frisches Weißbrot und Wassermelonen an die Camper verkaufte. In Viktors kleinem, 7,5-PS-starken Motorboot, das er auf einem Anhänger transportierte, waren wir zu einem winzigen Eiland gefahren, das wir „Eidechseninsel" nannten, weil es vor den flinken, smaragdgrünen Reptilien nur so wimmelte.

Als wir Stefans orangefarbenes Zweimann-Zelt aufstellen, hänge ich meinen Gedanken an die Vergangenheit nach. „Erinnerst du dich noch an die Eidechseninsel? Und an Onkel Viktors Boot?", frage ich.

Stefan, eine Zeltstange in der Hand, hält kurz inne und erwidert: „Na klar, was denkst du denn?! Das war einfach unglaublich!" Er wirkt für einen Augenblick fast abwesend und scheint in Erinnerungen zu schwelgen, bis er nachdenklich vor sich hinmurmelt: „Ob es die noch gibt?"

„Sollen wir uns ein Boot mieten und hinfahren?", schlage ich vor.

„Gute Idee! Das machen wir!"

Am frühen Abend gehen wir zum Essen in das Restaurant, trinken Bier, halten Rückschau und schmieden Pläne. Stefan ist seit Jahren Mitglied der Arbeitsgemeinschaft Österreichischer Entomologen und betreibt seine Leidenschaft ungleich wissenschaftlicher als ich. Er hat wahrscheinlich so ziemlich alle Insekten gesehen, die man sich vorstellen kann. Doch beim Ansehen meiner Fotos, insbesondere der Aufnahmen des Isabellaspinners, kann er sich ein staunendes „Wow" nicht verkneifen.

Bis tief in die Nacht sitzen wir auf Klappstühlen vor unserem Zelt, lauschen dem steten Anrollen der Wellen an den nahen Strand und plaudern. Auf dem Tisch stehen leere Bierdosen und die Kerzen sind fast heruntergebrannt, als wir uns schlafen legen.

Am nächsten Morgen brechen wir nach einem kurzen Frühstück das erste Mal zu den steinigen Küstenhängen auf und stehen bald auf einem abschüssigen Felsvorsprung direkt über der Brandung. Es riecht betäubend nach wildem Thymian und Oregano und über dem Geröllfeld steigen gaukelnd Schwärme von Berghexen auf, sobald man einen Schritt vorwärts macht. Sitzen sie am Boden, verschmelzen die bis zu 60 Millimeter großen Falter mit ihren dunkelbraunen Flügelunterseiten nahezu mit dem Untergrund. Erheben sich die Berghexen von ihrem Lieblingsplatz auf sonnenwarmen Steinen, wo sie mit geschlossenen Flügeln rasten, sind ihre Flugeinlagen meist sehr kurz.

„Pass mal auf, was gleich passiert!" Stefan sieht mich unter dem Schirm seiner dunkelblauen Kappe kurz an und klatscht laut in die Hände. Im nächsten Moment steigen zahllose Falter davon aufgeschreckt wie an unsichtbaren Schnüren gezogen aus dem Geröllgrau auf und entfachen einen kurzzeitigen Wirbel, ehe sie einer nach dem anderen wieder hinabsinken und der Zauber flugs zu Ende ist.

„Ich kenne das von den Raupen des Pfauenauges, die sehr geräuschempfindlich sind", sage ich und wische mir mit dem Handrücken den Schweiß aus dem Nacken. Immer wieder provoziert Stefan die Falter zu kurzen Aufstiegen, indem er kräftig trampelnd über das Geröllfeld schreitet.

Wie wir so demonstrativ aufstampfen und uns dabei vor und zurück wiegen, hat das Ganze plötzlich den Anschein, als tanzten wir Tango mit den Berghexen. Es ist ein schleichendes Gehen, immer wieder kommt es zu abrupten Tempi- und Bewegungsformwechseln wie beim Tango, wo flotte, kurze Schritte sich mit Ausfallschritten abwechseln, um die typischen Figuren auszuführen.

Wenig später entdeckt Stefan einen Weißen Waldportier (*Brintesia circe*), der wie eine größere Ausgabe der Berghexe anmutet. Allerdings sind seine geschlossenen Flügel deutlich breiter, oberseits dunkelbraun und von einer weißen Querbinde durchzogen.

Damit lässt er an den noch stattlicheren Großen Waldportier (*Hipparchia fagi*) denken. Auch er bevorzugt offenes Gelände, ist aber im Gegensatz zu den Berghexen und dem Ockerbindigen Samtfalter (*Hipparchia semele*) in Mitteleuropa relativ selten. Am Mittelmeer trifft man den dunklen Hünen noch immer recht häufig an. Wenn er auf Felsen oder an Baumstämmen sitzt, passt er die Stellung seiner zumeist geschlossenen Flügel manchmal über Stunden hinweg dem Lauf der Sonne an, so dass sie optimal von den wärmenden Strahlen getroffen werden. Blüten besucht dieser Falter nur selten. Viel lieber saugt er die austretenden Säfte von Eichen. Darin ist ihm der deutlich kleinere und ungleich seltener vorkommende Kleine Waldportier (*Hipparchia hermione*) ähnlich. Dieser favorisiert sandige Aufenthaltsorte.

Langsam arbeiten wir uns hügelan, hinter uns am stahlblau glitzernden Meereshorizont ziehen schwere Tanker vorüber. Von der Küstenstraße dringt der beißende Öl- und Benzingeruch der Schwertransporte nach Rijeka herauf. In meinen Schläfen pocht die Hitze. Auf einer Anhöhe pausieren wir im Schatten der Kiefern, essen etwas und dösen ein wenig. Stefan zündet sich eine Zigarette an. Mit einem Mal, vielleicht wegen des würzigen Geruchs seiner filterlosen Zigarette, kommt es mir vor, als mache die Zeit einen gewaltigen Sprung zurück: Es ist wieder das Jahr 1967 und ich sitze neben Viktor, der mich unter der Hutkrempe hervor aus hellblauen Augen ansieht, sich eine Reval zwischen die trockenen, von der Hitze leicht aufgesprungenen Lippen schiebt und mit seinem Feuerzeug ansteckt. Daraufhin nimmt er einen kräftigen Zug und stößt den Rauch als zitternde graue Fahne, die rasch verfliegt und sich auflöst, wieder aus.

Ich war zwölf, als Viktor mir am Küchentisch seine Zigarettenschachtel herüberschob. „Na los, nimm dir eine!" Und ich war fünfzehn, als er mir das Autofahren beibrachte, indem er eines Tages, als wir auf dem Weg waren, um meine Großmutter irgendwo abzuholen, abrupt rechts ran fuhr, ausstieg, um den Wagen herumging, die Beifahrertür aufriss und mich aufforderte, mich ans Steuer zu setzen. So war er eben. Unkonventionell. Anders.

„Es führt kein Weg zurück!", schrieb der Amerikaner Thomas Wolfe in seinem gleichnamigen, 1940 erschienenen Roman, in welchem er sich mit der Vergänglichkeit an sich beschäftigte und seinen eigenen Tod – Wolfe starb 1938 mit gerade einmal 37 Jahren – mit der Geschichte eines namenlosen Selbstmörders vorwegnahm. „Leider", denke ich, während ich mit geschlossenen Augen den Rauch von Stefans Zigarette einatme und die

Bilder meiner Kindheit klar vor meinem inneren Auge stehen. Was gäbe ich dafür, noch einmal genau an diesem Platz mit Viktor sitzen zu können . . .

„Komm, weiter!", mahnt Stefan, drückt den Stummel seiner Zigarette an einem Stein aus, streckt sich und schultert den Rucksack. Wir marschieren hinauf ins Reich der Samtfalter.

Bei den zur Familie der Augenfalter, einer Untergruppe der Edelfalter, gehörenden Samtfaltern unterscheidet man zwischen dem Eisenfarbigen Samtfalter (*Hipparchia statilinus*), dem Rotbindigen Samtfalter (*Arethusana arethusa*) und dem Ockerbindigen Samtfalter (*Hipparchia semele*). Sie alle erreichen eine Flügelspannweite von 50 Millimetern und sind zumeist dunkelbraun grundgefärbt, wobei die weiblichen Falter ein ausgeprägtes ockergelbes Fleckenband aufweisen. Die Samtfalter mögen trockene Gegenden und suchen häufig sandige Meeresküsten oder lichte Kiefernwälder auf. In Deutschland trifft man die erst spät im Jahr fliegenden Falter nur noch sehr selten an. Ihr ungewöhnliches Paarungsverhalten war Gegenstand umfangreicher Untersuchungen des 1988 verstorbenen niederländischen Nobelpreisträgers Nikolaas Tinbergen, der neben Konrad Lorenz als Mitbegründer der klassischen vergleichenden Verhaltensforschung gilt.

Tinbergen, der sich im Rahmen seiner Feldstudien neben Stichlingen und Silbermöwen auch Schmetterlingen widmete, konnte nachweisen, dass für die männlichen Samtfalter die Farbe der Weibchen bei der Wahl einer Partnerin keine entscheidende Rolle spielt. Bei Experimenten mit Attrappen reagierten die männlichen Falter sogar stärker auf schwarze oder rote Weibchen als auf Schmetterlinge in der natürlichen Färbung. Bei gleicher Oberfläche zogen sie allerdings ausgeglichene Rechtecke langgezogenen oder schmalen vor. Die Größe der potenziellen Partnerin war für die Männchen ebenfalls unbedeutend, wichtig hingegen die Art und Weise ihrer Bewegung. Attrappen, die sich ihnen flatternd und um sich selbst kreiselnd näherten, wurden solchen, die stur geradeaus flogen, vorgezogen. Während wir den Hügel erklimmen, erzählt Stefan, ein Freund von ihm habe einen männlichen Samtfalter auf Korsika dabei beobachtet, wie er ein Pfauenauge zu begatten versuchte. Eine Erklärung für die Verwechselung fand er aber auch nicht.

In den lichten Kronen der Kiefern können wir schon von fern die typischen, kugeligen Gespinste der Kiefernprozessionsspinner (*Thaumetopoea pinivora*) erkennen: braune, von einem hellen, aus Haaren und Drüsensekret gefertigten Gespinst umschlossene, beutelartige Gebilde, in denen bis zu 200 Raupen zu Beginn ihrer Entwicklung auf engstem Raum zusammenleben. Die heranwachsenden behaarten Tiere fressen die aufbrechenden Knospen und weiden die Kiefernkronen systematisch aus. Anschließend verlässt die Gruppe in Form einer regelrechten Prozession Raupe an Raupe den Baum, pilgert über den Stamm hinab zum Boden und entert die nächste Wirtspflanze. Als Erklärung für die ungewöhnliche Kettenbildung der Einzeltiere nennt die Forschung ihr Bestreben, eine Schlange nachzuahmen, um nicht von Vögeln als Nahrung identifiziert zu werden – wahrlich eine Mimikry der besonderen Art!

Vielerorts gelten die Raupen des Prozessionsspinners als veritable Forstschädlinge. Zum Teil wird massiv mit Insektiziden gegen sie vorgegangen. Obwohl die mitunter aus Hunderten von Raupen bestehenden Prozessionen einen faszinierenden Anblick bieten, sollte man ihnen unbedingt fernbleiben, denn ihre Brennhaare können bei Berührung starke allergische Reaktionen und Asthma hervorrufen. Einzig der Kuckuck ist resistent gegen das in den Brennhaaren eingelagerte Gift und macht häufig Jagd auf die Raupen.

Stefan zückt sein Fahrtenmesser, ergreift die Krone einer mannshohen Kiefer, biegt sie herab und schneidet das kunstvoll darin eingesponnene, prall mit Raupenkot gefüllte Nest auf und sogleich rieseln die winzigen Kügelchen herab. Einige davon zerreibt er prüfend zwischen den Fingern. „Die sind nicht mehr feucht. Wahrscheinlich ist die Kolonie schon vor längerer Zeit weitergezogen." Er wischt das Messer an seiner Hose ab und schiebt es in die Tasche zurück.

Um die Kratzdisteln schwirrt ein kleiner Skabiosenschwärmer (*Hemaris tityus*), einer der vier ausschließlich tagaktiven Schwärmer Europas. Der flinke Falter pendelt geschickt von Blüte zu Blüte, ohne sich auch nur einmal niederzulassen. Wie ein Kolibri steht er surrend in der Luft und versenkt seinen gut sichtbaren Rüssel in ihren Kelch. Der Skabiosenschwärmer ist in seiner Flugbewegung weitaus geschickter als die Hummel, der er mit seinem braun bis gelbbraun gefärbten Hinterleib sehr ähnlich sieht.

Ende der 1960er-Jahre war dieser kleine Schwärmer auch in Deutschland an den sandigen Rheindämmen verbreitet. Doch intensive Flurbereinigung hat fast zu seinem Verschwinden geführt. Die Rote Liste führt den emsigen Vielflieger inzwischen in der Kategorie 2 als stark gefährdet.

Auf einem Stein, keine zwei Meter von uns entfernt, sitzt mit geschlossenen Flügeln der heimliche König des Hügels, ein stattlicher Weißer Waldportier (*Brintesia circe*). In Form und Färbung gleicht er dem etwas größeren Großen Waldportier (*Hipparchia fagi*), doch im Gegensatz zu diesem weisen die Unterseiten seiner Flügel eine zusätzliche helle Binde auf. Zwischen welken Blättern und auf sandigem Boden verschmilzt der Weiße Waldportier förmlich mit dem Untergrund. Gern sucht dieser Schmetterling duftende Blüten auf. Seine eher plumpen, fleischigen Raupen fressen am Echten Schaf-Schwingel und anderen Süßgräsern. Auch er ist auf der Roten Liste als stark gefährdet eingestuft. Zumindest in dieser Region an der kroatischen Felsenküste ist er noch recht häufig. Betörend ist sein ungewöhnliches Balzverhalten, bei dem der männliche Falter das auserwählte Weibchen, ähnlich wie es Täuber praktizieren, mit bis zum Boden gespreizten Flügeln umhertrippelnd umgarnt.

Auf dem Grat angelangt hat man einen großartigen Blick auf das Meer. Das Licht der tiefstehenden Sonne hat inzwischen einen weichen Goldton angenommen. Um uns her duftet es intensiv nach dem überall wachsenden wilden Oregano. Mit Viktor habe ich manchmal, nachdem wir mühsam heraufgekraxelt waren, stundenlang auf die Dämmerung gewartet. Dann ließen wir uns auf den Steinen nieder, er steckte sich eine Reval an und blies genüsslich den Rauch hinaus aufs Wasser. Dem auf- und abtanzenden Strahl seiner Taschenlampe folgend sind wir irgendwann in der Dunkelheit zurück zum Campingplatz gelaufen.

„Hast du noch deine Sammelkästen?", will Stefan wissen und nimmt auf einem Steinbrocken Platz.

„Die habe ich irgendwann verschenkt und mich aufs Züchten verlegt", antworte ich. Dann erzähle ich ihm von den etwa 80 Puppen, die auf dem Balkon meiner Kölner Wohnung in den Zuchtkästen liegen. „Was ist mit deinen?"

„Meine stehen im Keller", sagt Stefan. „Verrückt, oder? Die waren doch mal unser ganzer Stolz."

Eine halbe Stunde später machen wir uns auf den Rückweg. Um die Lampen kreisen bereits die ersten Nachtfalter, als wir den Campingplatz erreichen. „Lass uns morgen zur Eidechseninsel fahren!", schlägt Stefan vor, während wir wie üblich zum Restaurant rübergehen.

Nachdem es uns gelingt, ein kleines Boot mit Außenbordmotor zu mieten, brechen wir am nächsten Morgen bereits bei Sonnenaufgang auf. Stefan steuert das Boot aufs offene Meer hinaus und rasch bleibt die Küste hinter uns zurück. Die Eidechseninsel, so hat man uns versichert, ist in einer halben Stunde zu erreichen und nicht zu verfehlen. Das monotone Brummen des Motors dröhnt in meinen Ohren, in der Dünung bricht sich das Sonnenlicht millionenfach in Form kleiner züngelnder Flammen. Und wieder vollführt die Zeit einen Sprung zurück ins Jahr 1967. Wir saßen zu dritt in Viktors Boot – ein Mann Ende fünfzig und zwei Achtjährige, die ungläubig die Delphine bestaunten, die sie auf ihrer Fahrt eskortierten.

Meine Großmutter, die auf dem Campingplatz zurückgeblieben war, hatte uns beschworen, nicht aufs Meer zu gehen. So hatte sie das damals ausgedrückt: *aufs Meer gehen.* „Bleibt hier!", hatte sie Viktor angefleht. „Denn was, wenn euch da draußen das Benzin ausgeht? Oder die Bora kommt?" Doch Viktor hatte sie nur, wie es seine Art war, überlegen und von ihrer Sorge unbeeindruckt angelächelt.

„Angst" war ein Wort, das in Viktors Sprachschatz nicht vorkam. Er legte es regelmäßig darauf an, das Schicksal herauszufordern, sei es mit zu schnellem Fahren, waghalsigen Flussüberquerungen oder kräftezehrenden Bergtouren. Ob er sich der Gefahr, in die er mich brachte, nicht bewusst war oder sie schlicht ignorierte, ist mir nie klar geworden. Aus Angst, von ihm ausgelacht zu werden, habe ich mich einfach schweigend in alles gefügt. Wer würde es schon ertragen, von seinem Helden ausgelacht zu werden?

Entlang der Horizontlinie bewegen sich träge Tanker wie in Zeitlupe voran. Von der Eidechseninsel ist bislang nichts zu sehen. Aus dem Norden nähert sich überraschend ein riesiger Schwarm Distelfalter. Ich schätze die Zahl der Falter auf etwa 2000. Als dunkles, spiralförmiges Band zieht die Formation über uns hinweg.

Der Distelfalter ist Europas bekanntester Wanderfalter. Pro Jahr legt jeder dieser Schmetterlinge durchschnittlich 15.000 Kilometer zurück. Sie reisen stets in großen Gruppen. 2009 registrierten Naturbeobachter 60.000 Falter in einem einzigen Schwarm. Die wechselnden Routen richten sich nach den Blütezeiten der Futterpflanzen. Distelfalter überwintern in den Steppen Nordwestafrikas und ziehen im Frühling, wenn die Dürre ihre Nahrungspflanzen in der Steppe austrocknet, nordwärts bis nach Skandinavien. Sie fliegen in Etappen, paaren sich an den Rastplätzen und sorgen für Nachkommen, die ihrerseits in klimatisch günstigere Gebiete abwandern.

Frühestens im Juli, wenn die Temperaturen im Norden wieder sinken, treten die Falter die Rückreise gen Süden an. Radarmessungen belegen, dass sie im Herbst gezielt bestimmte Luftströmungen nutzen und in einer Flughöhe von durchschnittlich 1000 Metern unterwegs sind. Im Frühjahr 2009 wurden elf Millionen Distelfalter erfasst, die den Ärmelkanal in Richtung Norden überflogen. Im folgenden Herbst passierten unvorstellbare 26 Millionen Falter die britischen Inseln südwärts. Es bleibt die Frage, wie es Schmetterlinge, deren Leben in der Regel nicht länger als 20 Tage währt, vermögen, derartige Strecken zurückzulegen. Abschließende Erkenntnisse dazu gibt es bisher nicht.

Sicher scheint dagegen, dass die Wanderer in der Lage sind, schon im Raupenstadium Temperatur- und Lichtverhältnisse zu antizipieren. Sie machen sich immer dann auf die Reise, wenn sich im Verlauf der Jahreszeiten Klimaumschwünge ankündigen. Forscher vermuten, dass sie darüber hinaus in der Lage sind, die Wachstumsphasen ihrer Wirtspflanzen vorherzusehen, um ihre Flugrouten deren Entwicklungstand anzupassen. Auf diese Weise können sie ihren Nachkommen das nötige Futter sichern.

Gebannt bestaunen wir beide die vorübergehende Verdunklung des Himmels, dann ist der gigantische Schwarm auch schon vorbeigezogen und die Eidechsensinsel taucht vor uns auf. Aus einer Entfernung von 100 Metern sieht das felsige Eiland aus, als sei es mit einer grünen Folie überzogen. Tausende Eidechsenrücken erzeugen ein magisches Schimmern und Leuchten. Wir bleiben im Boot, denn die messerscharf aus dem Wasser aufragenden Klippen wirken bedrohlich, und filmen die von unzähligen Echsen bedeckten, nass glänzenden Steine. Die Szenerie hat etwas Unwirkliches wie die altertümlichen Tiere dicht an dicht sitzen und das Sonnenlicht ihre Schuppen zum Glitzern bringt.

„Die fressen sich wahrscheinlich gegenseitig auf", bemerkt Stefan.

„Ja, wahrscheinlich", stimme ich ihm zu. Die spärlich vorhandene Vegetation wird wohl kaum genügend Spinnen und andere Kleininsekten hervorbringen, um einer solchen Menge von Reptilien ausreichend Futter zu bieten. Bei den flinken Bewohnern der Insel handelt es sich um Riesen-Smaragdeidechsen, bis zu 50 Zentimeter lange, im Erwachsenenstadium grün gefärbte Tiere. Tatsächlich sagt man dieser Art nach, sich gelegentlich auch von den eigenen Jungtieren zu ernähren. Die meiste Zeit verbringen sie jedoch mit der Jagd nach Spinnen, Käfern und auch Schmetterlingen.

Nachdem wir die Insel vom Boot aus rundherum inspiziert haben, nehmen wir Kurs zurück aufs Festland. Inzwischen strahlt die hochstehende Sonne mit voller Wucht auf uns herab und die reflektierende Wasseroberfläche zwingt mich, ständig die Augen zusammenzukneifen. Immer wieder halte ich den Arm ins Wasser, um mir ein bisschen Abkühlung zu verschaffen.

Den Nachmittag verbringen wir auf dem Zeltplatz, wo Stefan die Weißdornbüsche zwischen den einzelnen Parzellen nach den grünen, blattähnlich gewölbten Segelfalterraupen absucht. Ausgewachsen weisen sie mitunter winzige rote Punkte auf, doch verglichen mit den Imagines erscheinen sie geradezu plump. Wie alle Ritterfalterraupen fahren sie bei Bedrohung eine orangefarbene Nackengabel, das *Osmaterium*, aus. Es wird durch Einpressen von Hämolymphflüssigkeit ausgestülpt und soll dazu dienen, Fressfeinde zu vertreiben. Beim Ausstülpen sondert die Raupe einen intensiven Geruch ab, den insbesondere Ameisen fürchten. Zusätzlich krümmt sich die Raupe, als setze sie zum Angriff an.

Ich vertreibe mir die Zeit im Zelt mit Lesen. Irgendwann kehrt Stefan zurück und präsentiert mir stolz seinen Fund: zwei Segelfalterraupen im dritten Stadium. Er strahlt und funktioniert die Tupperdose, in der er auf der Autofahrt seine Brote aufbewahrt hatte, spontan zum Zuchtbehälter um.

Wir beschließen, in Porec zu Abend zu essen. Nichts deutet zu diesem Zeitpunkt darauf hin, dass die Bora, oder *Bura*, wie die Einheimischen den kalten, mit Spitzengeschwindigkeiten von bis zu 250 Stundenkilometern von Triest her wehenden Fallwind nennen, bereits Kurs auf die Küste genommen hat und uns eine Nacht bescheren wird, die wir nie mehr vergessen werden.

Karl Marx lernte die entfesselten Kräfte der Bora schon 1856 bei Nachforschungen über den europäischen Seehandel kennen und beschrieb sie in einem Beitrag für die *New York Daily Tribune*: „Die Bora, der große Störenfried dieses Meeres, erhebt sich stets ohne das kleinste Warnungszeichen; mit der Gewalt eines Tornados überfällt sie die Seeleute und gestattet nur dem Kühnsten, auf Deck zu bleiben. Manchmal tobt sie wochenlang und am heftigsten zwischen der Bucht von Cattaro und dem Südende von Istrien. Der Dalmatiner aber ist von Kindheit an gewohnt, ihr zu trotzen, er wird hart unter ihrem Atem und verachtet die armseligen Winde anderer Meere."

Schon die Rückfahrt aus Porec wird zu einer echten Herausforderung, denn immer wieder schieben uns mächtige, seitlich gegen den Wagen drückende Böen fast aus der Spur. Zur Sicherheit verstauen wir all unsere Habseligkeiten im Auto, nachdem wir den Campingplatz wieder erreicht haben. Ein orkanartiges Heulen erfüllt die Nacht und die Szenerie wirkt, als lägen wir unter Mörserbeschuss: flackernde Lichter überall, schreiende Kinder, bellende Hunde und schlagende Autotüren. Zu zweit klammern wir uns an unser kleines Zelt, damit es nicht aus seiner Verankerung gerissen wird.

Am frühen Morgen gleicht der Zeltplatz einem Trümmerfeld. Hunderte umgerissener Zelte, umgeknickte Bäume und ein Dutzend aus dem Wasser gehobene und an den Felsen zerschellte Boote sprechen eine unmissverständliche Sprache: Die Bora hat gewütet. Erst jetzt legen wir uns erschöpft schlafen.

Am nächsten Morgen steigen Stefan und ich in den Wagen und er schaltet den CD-Spieler ein, Neil Diamonds *I'm a Believer* ertönt. Der Song beschert mir einen letzten Moment der Nostalgie, denn 1967 lief er an jeder Ecke. Er hat daran gedacht, wie schön! Stefan bringt mich noch zum Busbahnhof in Porec. Als ich aussteige, verspricht er, mich Ende des Jahres in Köln zu besuchen. Dann fährt er davon und ich betrete das kleine Gebäude, um mich zu erkundigen, wann der nächste Bus nach Split abfährt.

WO DIE BAUM-
WEISSLINGE
TANZEN

Wenn Mitte Juli die schneeweißen Baumweiß-linge (*Aporia crataegi*) in Schwärmen über die leuchtenden Magerwiesen zu Füßen des Patscherkofels herfallen, geht mitten im Sommer ein Schneeschauer aus handtellergroßen Flocken auf das satte Wiesengrün nieder. Die blütenreichen Hänge der Tuxer Alpen unweit von Innsbruck verwandeln sich für rund vier Wochen in eine natürliche Bühne für den standorttreuen Gaukler.

Der Baumweißling, der dem Schwarzen Apollofalter stark ähnelt, galt in Mitteleuropa lange Zeit als gefürchteter Obstbaumschädling, weil seine silbergrau behaarten, etwa 45 Millimeter langen Raupen außer am Weißdorn auch an weiteren Obstgehölzen wie Schlehdorn, Apfel und Zwetschge fressen. Heutzutage schwankt die Häufigkeit des in ganz Europa verbreiteten Falters. Für Obstbauern stellt er keine nennenswerte Bedrohung mehr dar.

Die Weibchen deponieren ihre leuchtend gelben Eier in Gelegen von 60 bis 120 Stück an den Blättern des Eingriffeligen Weißdorns, bevor die kurzlebigen Insekten nach und nach wieder verschwinden und das seltene Schauspiel im nächsten Jahr wieder von vorn beginnt.

Die Familie der Weißlinge (*Pieridae*) umfasst weltweit zirka 1000 Arten. Seine deutsche Bezeichnung verdankt der Weißling seiner einheitlich weißen Grundfärbung, für die vor allem der Kleine und der Große

Kohlweißling bekannt sind. Diese beiden Arten sind die am häufigsten nachgewiesenen Tagschmetterlinge in Deutschland. Die grünen, von schwarzen Punktringen und einer gelben Rückenlinie dominierten Raupen des Großen Kohlweißlings fressen sowohl an verschiedenen Kohlarten als auch an Raps und Ackersenf. Ursache für den Rückgang des Großen Kohlweißlings in vielen Kulturlandschaften ist häufig die Kohlweißlings-Brackwespe, die im Herbst bis zu 30 Eier in die fressenden Raupen injiziert. Die Larven der Brackwespen ernähren sich von der Körperflüssigkeit ihrer Wirte. Sind sie vollständig entwickelt, bohren sie sich aus den Raupen, die verenden, hervor und verpuppen sich in kleinen Kokons an der übrig gebliebenen Außenhaut. Für Züchter eine höchst frustrierende Überraschung!

Meine ersten Kohlweißlingsraupen, die ich als Junge in dem weitläufigen Nutzgarten meines Großvaters gesammelt hatte, fielen dem Befall durch Brackwespen zum Opfer. Da die auffälligen Raupen gut sichtbar und schutzlos auf den äußeren Kohlblättern sitzen, sind sie leichte Beute für die herauffliegenden Parasiten.

Lange habe ich Kohlweißlinge unterschätzt und – ich wage kaum, es zu gestehen – für eher zweitklassige Vertreter ihrer Gattung gehalten. Vielleicht, weil sie in meiner Jugend an jeder Ecke zu finden waren, vielleicht weil sie sich an so etwas Schnödem wie Weißkohl vergingen, einem Gewächs, das ich als Junge verabscheute, wenn meine Großmutter es zu breiigem Gemüse verkochte oder in die vorgekochten Außenblätter ihre Hackfleisch-Rouladen einwickelte.

Doch ein befreundeter Kölner Entomologe, der sich auf die Zucht von Kleinen Kohlweißlingen sowie Senf- und Resedaweißlingen spezialisiert hat, überzeugte mich von der unterschätzten Schönheit dieser Kleinschmetterlinge, die sich mir erst beim Blick durch sein Elektronenmikroskop offenbarte. Seitdem genießen diese Falter meine Hochachtung. Denn beim Blick durch das Okular wandelt sich die vermeintlich einfach grün gefärbte Raupe des Kleinen Kohlweißlings in ein faszinierendes Geschöpf. Ihre durchgehend lindgrüne, leicht pelzige Außenhaut ist mit hauchfeinen, kurzen grünen Haaren besetzt. Zudem ist diese mit winzigen gelben Punkten gesprenkelt und selbst ihre Kopfkapsel ist einheitlich grün. Betrachtet man den gelben Längsstreifen, der sich über ihren gesamten Körper erstreckt, unter dem Mikroskop, lässt sich schön das stete Pulsieren ihres Herzens erkennen.

Weißlinge (*Pieridae*) erreichen normalerweise eine Spannweite von 40 bis 72 Millimetern und nicht alle sind einheitlich weiß. Zur Familie gehören auch der Aurorafalter (*Anthocharis cardamines*), dessen weiße

Vorderflügel bei den Männchen orangefarbene Spitzen haben, der grüngrau gescheckte Reseda-Weißling (*Pontia edusa*) oder der gänzlich gelbe Zitronenfalter (*Gonepteryx rhamni*). Auch der in Indien heimische Orange Albatross (*Appias nero*), der komplett orangerot gefärbt ist, zählt zu den Weißlingen. Die Raupen der Weißlinge sind unscheinbar, selten behaart und meist durchgängig grün gefärbt.

Von Split aus fliege ich über Zagreb nach Wien und steige dann in einen Zug nach Innsbruck. In der 1000-Seelen-Gemeinde Patsch, nicht weit südlich am Fuß des Patscherkofels gelegen, beziehe ich ein Zimmer im Hotel Grünwalderhof. Durch einen Anruf bei meiner Tochter in Köln, die während meiner Abwesenheit regelmäßig nach meinen Schwärmer- und Pfauenspinnerpuppen sieht und sie mit destilliertem Wasser leicht befeuchtet, erfahre ich, dass die meisten Wolfsmilchschwärmer unterdessen ausgeflogen sind. Wenn ich von meiner Reise in ein paar Wochen zurückgekehrt bin, sollten auch die letzten Ligusterschwärmer geschlüpft sein.

Von Patsch aus führt mich ein kurzer Fußmarsch hinauf zum Alpengasthof Heiligwasser mit seiner berückenden Aussicht über das Inntal und das Stubaital im Südwesten. Die Bergwiesen im näheren Umkreis meiner Unterkunft erweisen sich als wahres Elysium für Hobby-Entomologen. Denn wo im Winter Skirennfahrer um

Weltcup-Punkte kämpfen, fliegt zwischen Mai und August so ziemlich alles, was ungedüngte und ungemähte Alpen-Magerwiesen zu bieten haben: zahlreiche Perlmuttfalter, alle Spielarten der leuchtenden Dickkopffalter (*Hesperiidae*), das Schachbrett (*Melanargia galathea*) sowie die Weißbindigen und Kleinen Wiesenvögelchen (*Coenonympha arcania* bzw. *pamphilus*). Sogar die kleinen, am Tag fliegenden Weinschwärmer (*Deilephilia porcellus*) sind an blühenden Stauden wie Natternkopf und Blutweiderich zu entdecken.

Die Almwiesen unterhalb von Heiligwasser sind ein zuverlässiges Heilmittel gegen aufkommenden Trübsinn, wenn es vor meinen Kölner Fenstern Bindfäden regnet und ich mich kurzerhand in den Zug schwinge, um all dem zu entfliehen. Vor allem die Baumweißlinge betören mich. Ihre schneeweißen Flügelflächen durchzieht ein markantes Muster aus schwarzen Adern. Die Vorderflügel der männlichen Falter ziert ein Diskoidalfleck, der bei den Weibchen fehlt. Zudem sind an den Adern deutlich die Schuppen zu erkennen.

Die vier Flügel eines Schmetterlings sind von außen nach innen gehend zur Basis hin in die Regionen *Submarginal*, *Postdiskal*, *Diskal* und *Basal* unterteilt. Die Vorderflügel sind in der Regel von zwölf Hauptadern durchzogen. Die Schuppen, also der im Volksmund so genannte Schmetterlingsstaub, überziehen die gesamte Flügelfläche. In der Regel sind die Schuppen als einzelne mit bloßem Auge nicht zu erkennen. Beim Baumweißling aber sind sie gut entlang der Adern als winzige, transparente, dachziegelartig ineinandergreifende Facetten zu sehen. Manche Falter bringen es auf eine Spannweite von 80 Millimetern. Das Verbreitungsgebiet des in einer Generation pro Jahr fliegenden Baumweißlings reicht von Mitteleuropa ausgehend bis nach Transkaukasien und Japan. Der eher unbeholfen wirkende Flieger ernährt sich im Juli vorrangig von den hoch aufgeschossenen Kratzdisteln und Gemeinen Flockenblumen.

Sind die bunten, kurz behaarten Jungraupen am Ende des Sommers geschlüpft, überwintern sie gesellig in einem lockeren, aus trockenen Blättern angefertigten Gespinst. Im folgenden Frühjahr wachsen sie bis zu einer Länge von 45 Millimetern heran, ehe sie sich in die auffallend gelben und schwarz gesprenkelten Gürtelpuppen verwandeln. Das Interessante dabei: Die Raupen des Baumweißlings sind regelrechte Sonnenanbeter. Oft kann man einzelne Tiere ertappen, wie sie schon in den ersten wärmeren Frühlingstagen das gemeinschaftliche Gespinst verlassen und es sich auf sonnenbeschienenen Blättern gut gehen lassen.

Die Paarung der jungen Falter findet unmittelbar nach dem Schlüpfen der Weibchen statt. Größere Gruppen nehmen an Regenpfützen Mineralstoffe auf. Zwischen 1977 und 1988 kam es in der Oberrheinebene zu einer regelrechten Massenvermehrung, die ein bisher so nicht beobachtetes Konkurrenzverhalten zwischen den Baumweißlingen und den tagsüber fliegenden Goldaftern (*Euproctis chrysorrhoea*) zur Folge hatte: Einzelne Goldafter stellten den Baumweißlingen bis in ihre Habitate nach. Die Gründe dafür blieben bis heute ungeklärt.

Ein nicht weniger interessanter Vertreter aus der Familie der Weißlinge ist der Zitronenfalter, der zwei Besonderheiten aufweist: Er hat mit bis zu einem Jahr die höchste Lebenserwartung aller heimischen Tagfalter und sein Überwinterungsverhalten ist einzigartig. Die Falter schlüpfen im Hochsommer, besuchen bis in den Herbst hinein Blüten und ziehen sich anschließend in ihre Winterquartiere zurück. Im Gegensatz zu allen anderen Tagfaltern, die sich für die Wintermonate auf Dachböden, in Kellerräumen und in anderen trockenen Winkeln einrichten, suchen Zitronenfalter feuchte, schattige Waldgebiete auf. Ungeschützt überwintern sie in der offenen Vegetation, meist in Bodennähe zwischen Gräsern oder unter Brombeerblättern.

Gegen die Kälte wendet der Schmetterling einen Trick an, der ihn vor dem Erfrieren schützt und ihm sogar das Überleben unter einer Schneedecke ermöglicht: Er erhöht die Zellsaftkonzentration, bis diese wie ein Frostschutzmittel funktioniert, sodass er Temperaturen bis minus 20 Grad unbeschadet übersteht.

Die als *Vakuolen* bezeichneten und von einer Biomembran umgebenen Zellorganellen sind mit Zellsaft (Wasser und Proteinen) gefüllt. Erhöht der Falter die Zellsaftkonzentration, maximiert er die Zuckerkonzentration in der Zellorganelle, wodurch von außen Wasser in die Zelle fließt, bis der Zelldruck ein weiteres Füllen der Vakuole verhindert. Die Zellwand spannt sich. Dadurch passt sich der Falter den herrschenden Temperaturen an und verhindert das Einfrieren des Zellsafts. Manchmal wagt er sich schon im Februar zurück ans Licht.

Der 2002 zum „Insekt des Jahres" gekürte Zitronenfalter ist einer der bekanntesten Tagschmetterlinge überhaupt. Der schwäbische Dichter Eduard Mörike widmete dem Frühflieger ein Gedicht, der Kölner Stadtplan verzeichnet für den Bezirk Rodenkirchen eine Zitronenfalterstraße und immer wieder taucht der zitronengelbe Sympathieträger in der Werbung auf.

Mit bis zu 55 Millimetern Spannweite zählt er zu den eher mittelgroßen Tagfaltern. Die männlichen Falter erscheinen in kräftigem Zitronengelb, die Weibchen sind vergleichsweise blass in weißlichem Grün gefärbt. Die grasgrünen Raupen leben ausschließlich von den Blättern des Echten Faulbaums und des Purgier-Kreuzdorns. Stets entlang der Blattnaht sitzend, fressen sie die Blätter systematisch von außen nach innen ab. Ihre Zeichnung folgt dem Prinzip der Gegenschattierung, das zu einem Auflösen der eigenen Konturen vor dem jeweils gewählten Farbuntergrund führt. Während die Raupen strikt an ihrer Wirtspflanze verbleiben, gilt der Falter als ausgemachter Vagabund, der ebenso gern stadtnahe Parks aufsucht wie offenes Gelände oder blumenreiche Bergwiesen in Höhen bis zu 2800 Metern.

Beim Saugen von Nektar verharrt er mit geschlossenen Flügeln auf der Blüte und nimmt die Wärme der Sonnenstrahlen auf, indem er die Stellung der aufragenden Flügel gezielt dem Stand der Sonne anpasst, weshalb er wissenschaftlich korrekt als seitlicher Absorptionssonner bezeichnet wird.

Der Weg von Patsch hinauf zum Alpengasthof Heiligwasser führt in weit ausholenden Wegschleifen in eine Höhe von 1230 Metern hinauf, wo man im Spätsommer die bis zu 80 Millimeter langen, dicht behaarten Raupen des Eichenspinners (*Lasiocampa quercus*) findet, der zur Familie der Glucken (*Lasiocampidae*) gehört. Zur Verpuppung verlassen sie ihre Wirtspflanzen, Schlehen oder Brombeeren, und wagen sich auf die geteerten Wege vor, um einen geschützten Platz zu suchen.

Eichenspinner sind schnelle, hektische Flieger und als Imagines kaum auszumachen, geschweige denn einzufangen. Während die deutlich größeren weiblichen Falter graubraun sind, ist die Grundfärbung der Männchen rötlichbraun. Nur einmal ist es mir in meinen Anfängen als Schmetterlingssammler gelungen, einen weiblichen Eichenspinner zu ergattern, der sich zum Sterben ins Gras gesetzt hatte.

Es dauert nicht lange, bis die erste Eichenspinnerraupe meinen Weg kreuzt. Ich gehe in die Hocke und die Raupe kriecht auf meine Hand. Sie ist mit goldenen und grauen Haarpolstern besetzt, welche durch schwarze Segmenteinschnitte voneinander getrennt sind. Bei der Verpuppung verwebt sie ihre langen dichten Haare zu einem kompakten eiförmigen Kokon. Neugierig inspiziert die Raupe meine Finger, dann rollt sie sich in der Mitte meiner Handfläche zu einem buschigen Kringel zusammen. Vorsichtig lege ich sie ins Gras und steige weiter hinauf.

Surrend ziehen die blauen Drahtseilkabinen der Patscherkofelbahn über mich hinweg. Ich nehme die durchgeschwitzte Kappe ab, beschirme mit der Hand meine Augen und schaue ins Tal, aus dem die Dächer von Innsbruck silbrig heraufschimmern. Links ist der Tisch der Bergisel-Schanze zu sehen. Ich lasse mich zurücksinken ins hüfthohe, vom Summen der Bienen und Hummeln erfüllte Gras, starre mit leicht zugekniffenen Lidern hinauf ins wolkenlose Blau und verfolge beglückt den Wirbel der ruhelos über mir tanzenden weißen Falter. Am Himmel zieht ein kleines Propellerflugzeug vorüber und erzeugt ein Geräusch, als rolle eine Eisenkugel über eine Tischplatte.

In der letzten Wegkehre vor Heiligwasser sitzen Kaisermäntel auf den blühenden Himbeersträuchern. Oben angekommen erfrische ich mich an einem kleinen Steinbrunnen, um den sich noch andere Wanderer versammeln, die ihre Trinkflaschen füllen wollen. Manche von ihnen steigen noch weiter auf. Durch den Wald kann man hinüber nach Igls laufen, ein Fußweg von knapp zwei Stunden. Dann nehme ich an einem der Tische Platz und bestelle eine der selbstgemachten Holundersirup-Schorlen und einen Kaiserschmarren mit Zwetschgenröster.

An der hell gekalkten, die Hitze atmenden Außenwand der kleinen Wallfahrtskirche, in der noch gelegentlich Taufen stattfinden, haben sich mehrere Pfauenaugen und Kleine Füchse die besten Sonnenplätze gesichert. Gegenüber leuchtet die imposante Nordkette, darunter das Inntal, in das sich der Fluss eingräbt.

Ich mache mich auf den Rückweg, begleitet vom anmutigen Tanz der zahllosen Baumweißlinge, die noch immer über die Hänge flirren, ehe sie sich mit Einbruch der Dämmerung an die mit Büschen gesäumten Waldränder zurückziehen, auf der Suche nach einem Platz für die Nacht.

WESTERLIN UND DER SCHWARZE APOLLO

Wer einen Schwarzen Apollofalter (*Parnassius mnemosyne*)
aufspüren will, muss hoch hinaus, denn
die natürlichen Habitate dieses standorttreuen Falters beschränken sich auf wenige ausgewählte Alpenregionen in Höhen
bis zu 2500 Meter über dem Meeresspiegel. Dort ge-
deihen die feuchten, blumenreichen Bergwiesen mit
Beständen des Lerchensporns, an denen seine Raupe frisst. Also mache ich mich auf ins schweizerische
Gstaad, denn es heißt, in den Schluchtwäldern des Berner Oberlands sei der Falter noch recht häufig zu sehen.

Ich nehme den Nachtzug um 19.48 Uhr von Innsbruck nach Zürich und gelange über mehrere Zwi-
schenstationen nach 14-stündiger Fahrtzeit zum kleinen Bahnhof der Gemeinde Saanen, wo ich tags darauf
um 9.40 Uhr ankomme. Ein Stück weiter südlich liegt
nahe der Talsohle das Dorfzentrum von Gstaad. Die
durchweg im Chalet-Stil erbauten Häuser des beliebten
Ferienorts schmiegen sich im Westen und Osten an die
Hänge. Dahinter erstrecken sich Bergwälder in größere
Höhen.

Paul Westerlin, ein befreundeter Schriftsteller, hatte
mich vor meiner Weiterfahrt in die Schweiz angerufen,
um sich nach dem Verlauf meiner Reise zu erkundigen.
In Köln hatten wir uns in den Wochen vor meinem
Abflug nach Samos mehrmals getroffen und uns über

Schmetterlinge und über das Schreiben ausgetauscht. Er mag die Bücher von Beppe Fenoglio, Juan Marsé, Philip Roth oder W. G. Sebald ebenso wie ich, und er war es auch, der mir ein Exemplar der legendären, mittlerweile längst vergriffenen *Du*-Ausgabe über Nabokov geschenkt hat.

Westerlin, inzwischen Ende Sechzig, wartet trotz vieler guter Kritiken, die er für seine ersten vier Bücher erhalten hat, immer noch auf seinen Durchbruch, gilt unter Insidern aber als Geheimtipp. Er lebt mit seinen beiden Galgos Jim und Morrisson in der Kölner Südstadt, schreibt an einem ausufernden Roman mit dem Titel *Die Gefährlichkeit der großen Ebenen* und widmet sich, wenn er nicht seinen billigen Trester trinkt, den er sich bei Bauern im Bergischen Land besorgt, Julio Iglesias hört und der Beziehung zu einer deutlich jüngeren Portugiesin nachtrauert, ein paar Wochen im Jahr der Zucht von Totenkopfschwärmern.

Aus irgendeinem Grund züchtet Westerlin ausschließlich diese geheimnisvollen Wesen und lässt sie nach dem Schlüpfen in seiner weitläufigen, spärlich möblierten Wohnung herumfliegen, bis sie verenden. Ob ihn *Das Schweigen der Lämmer* dazu inspiriert habe, wollte ich einmal wissen. Westerlin machte nur eine wegwerfende Handbewegung und entgegnete mit ge-

171

spielter Empörung: „Hältst du mich etwa für einen solchen Epigonen?" Ich bohrte nicht weiter nach.

Seine Schwärmer-Eier besorgte er sich früher immer auf der alljährlich im November stattfindenden Frankfurter Insektenbörse, wo wir uns vor einer halben Ewigkeit kennengelernt haben. Mittlerweile bezieht er sie genau wie ich über einen befreundeten Züchter aus Ulm. Er habe gerade einen, wie er es nannte, „Hänger" mit seinem Buch, erklärte er mir am Telefon, und schlug daher vor, für ein paar Tage mit nach Gstaad zu kommen, um etwas Abstand vom Schreiben zu gewinnen. Was ich davon hielte?

„Ja, komm!", willigte ich spontan ein und fügte spaßhaft hinzu: „Und bring 'ne Flasche Trester mit!", denn Westerlin verfügt über eine Fähigkeit, die den meisten Schriftstellern fremd ist: andere Schriftsteller neben sich gelten zu lassen. Er ist darüber hinaus ein großartiger Gesprächspartner, der meine Leidenschaft für Schmetterlinge teilt. Die Vorstellung, auf der Suche nach dem Schwarzen Apollo mit ihm über die Alpenwiesen zu stapfen, gefiel mir und ich buchte für uns zwei Einzelzimmer im Gstaaderhof.

„Nach was suchst du in Gstaad?", fragte er. „Fliegt da was Bestimmtes?"

„Der Schwarze Apollo!"

„Apropos Apollofalter", erwiderte er, „da hab ich was für dich. Erzähle ich dir, wenn ich da bin."

„Bin gespannt!", sagte ich und legte auf.

Am späten Vormittag checke ich im Gstaaderhof, einem geräumigen Bauernhaus, ein und mache einen Spaziergang entlang der Promenade mit all den exklusiven Geschäften, in denen die Reichen und Schönen dieser Welt sich tummeln, wenn die Suisse Open die internationale Tennisgemeinde für ein paar Tage ins Berner Oberland zieht oder das 1957 von dem Geiger und Dirigenten Yehudi Menuhin ins Leben gerufene Menuhin Festival Gstaad mit prominenten Aufführungen klassischer Musik aufwartet.

Am Nachmittag begutachte ich die Wanderkarte, die mir die Dame an der Rezeption ausgehändigt hat, und verschaffe mir einen Überblick, wie ich am geschicktesten bis in das Reich des Schwarzen Apollo hinaufsteigen kann. Westerlin kündigt sein Eintreffen telefonisch für den Abend an. Die Wartezeit verbringe ich im hallenähnlichen Gewölbe des Cafés im Hotel Le Grand Bellevue Gstaad, wo man von exquisiten Ledercouchen dem sommerlichen Treiben draußen zuschauen und am endlos langen Tresen kühlen Prosecco genießen kann. Während ich dort gemütlich sitze und in Ernst Jüngers *Subtile Jagden* lese, komme ich mir vor wie in einem Museum für kostspielige Designermöbel. Alles ist bis ins letzte Detail farblich aufeinander abgestimmt, schön und bizarr zugleich.

Jünger sammelte und beobachtete sein Leben lang Käfer in den Feldern und Wäldern seiner Jugend bei Heidelberg und Rehburg und seine geschliffenen Porträts von *Carabus, Antaeus, Mylabris* oder *Typhoes* und wie die Käfer alle heißen verbinden bis heute auf einzigartige Weise literarisches Ausdrucksvermögen mit präziser Naturbeobachtung. Dass er immer wieder kurze Passagen über Schmetterlinge einstreut, macht sein Buch für mich besonders spannend.

Neben den klassischen Käferbüchern von Edmund Reitter, Adolf Horion oder Karl E. Schedl nimmt Jüngers Buch nach wie vor eine Sonderstellung ein, denn es ignoriert die üblicherweise eindeutige Grenzziehung zwischen Literatur und Wissenschaft. Jünger spürt den innersten Geheimnissen seiner Studienobjekte mit den Mitteln eines Schriftstellers nach, der aus dem Zusammenspiel von literarischem Ausdruck und philosophischer Durchdringung Funken schlägt, und transzendiert bewusst, was sich wissenschaftlich belegen lässt. Denn manchmal, davon bin ich überzeugt, dringt die literarische Fiktion direkter zum Wesentlichen vor, als das rationale Denken es vermag.

Trotzdem zurück zur Empirie und den Fakten: Der mit 45 bis 60 Millimetern Spannweite durchschnittlich große Schwarze Apollo ist der unscheinbarste aller Apollofalter und leicht mit dem Baumweißling zu verwechseln, denn auch seine weißen Flügel sind von dunklen Adern durchzogen. Die Flügelspitzen sind jedoch nur beim Schwarzen Apollo grau und durchscheinend. Die Flügel der weiblichen Falter besitzen größere durchscheinende Partien. Zudem ist deren Hinterleib gelb gesprenkelt und trägt nach der Begattung einen sogenannten Chitin-Sphragis: einen aus dem Sekret des Männchens gebildeten Verschluss, der noch während des Geschlechtsaktes verhornt und aushärtet. Man kann ihn sich als eine Art Schutzsiegel vorstellen, das eine erneute Begattung des Weibchens verhindern soll.

Der Schwarze Apollo bildet nur eine Generation pro Jahr aus, seine Lebensdauer beträgt lediglich 14 Tage. Aufgrund der hohen Ansprüche an seine Umwelt wie gleichbleibende Feuchtigkeit und gesicherte Versorgung mit Futterpflanzen ist er an Gebirgshänge in Laubwaldzonen gebunden. Weil geeignete Habitate heutzutage rar sind, ist der Falter sehr selten geworden. Hobby-Sammlern ist der Schwarze Apollo inzwischen genauso viel Wert wie Bibliophilen eine Erstausgabe von Kafka oder Ernst Jünger und wer weiß, vielleicht würden sie auch dafür morden …

Die männlichen Falter fliegen vormittags umher auf der Suche nach paarungsbereiten Weibchen, die es aber zumeist erst am Nachmittag hinaus auf die Blumenwiesen zieht. Die Schwarzen Apollos reagieren sehr empfindlich auf Störungen und zeigen bei Gefahr einen ungewöhnlichen Reflex: Sie lassen sich wie ein angeschossener Vogel jäh ins Gras fallen. Ungeklärt ist noch, wie es dem Schwarzen Apollo gelingt, zielsicher die Nahrungspflanze für seine Raupen zu finden. Diese Fähigkeit ist bemerkenswert, weil sich die oberirdischen Triebe des Lerchensporns bereits zurückgezogen haben, wenn die Weibchen ihre Eier an Grashalmen in deren Nähe ablegen. Wie also ortet der weibliche Falter die unterirdischen Knollen? Denkbar wäre, dass er die Knollen des Blauen Lerchensporns, der nach Kokos, Kamelie oder Bittermandel duftet, über Geruchsknospen an den Flügeln aufspürt. Möglicherweise legt er seine Eier aber auch nur auf Verdacht ab, in der Hoffnung, dass sich die geschlüpften Raupen selbstständig auf die Suche nach Nahrung machen. Mit Sicherheit ist dies nicht geklärt.

Wenn man nur nach dem Aussehen urteilt, lassen sich die Raupen des Schwarzen Apollofalters im letzten Stadium nicht zweifelsfrei von den Raupen des Hochalpen-Apollo und des gewöhnlichen Apollofalters unterscheiden. Einem Sammler bleibt beim Fund einer Raupe nur das Prinzip von Versuch & Irrtum: Setzt man die Raupen auf verschiedene Futterpflanzen, gelingt die Identifizierung anhand des Fressverhaltens. Die Raupe des Hochalpen-Apollos ernährt sich ausschließlich vom Bewimperten Steinbrech, dagegen spricht die des gewöhnlichen Apollo nur auf Weißen Mauerpfeffer an. Bei den Puppen fällt die optische Unterscheidung leichter, denn die in pergamentartige weiße Kokons eingesponnene Puppe des Schwarzen Apollofalters ist hell- oder dunkelbraun gefärbt und zeigt anders als die des gewöhnlichen Apollofalters keine weiße Segmentierung.

Gegen halb zehn am Abend trifft Westerlin endlich im Hotel ein. Er wirkt müde. Die fast siebenstündige Zugfahrt steckt ihm in den Knochen. Doch als wir am nächsten Vormittag aufbrechen und das Dorf verlassen, ist von Erschöpfung keine Rede mehr und er erzählt mir ohne Umschweife die schon angekündigte Geschichte des *Przewalskii*-Falters, der vor 22 Jahren aus dem Bestand des Museums Alexander König in Bonn entwendet und für 28.000 D-Mark an einen japanischen Privatsammler verkauft wurde.

Lange war der Aufenthaltsort des extrem seltenen Apollos unbekannt geblieben. Bis ein findiger Japaner, der einst in Heidelberg studiert hatte, die Spur des Falters aufnahm und den Mann, in dessen Besitz der *Przewalksii* sich befand, endlich dazu brachte, das einst widerrechtlich angekaufte Sammelstück wieder herauszugeben. Völlig unerwartet wurde damit eines von weltweit nur drei erhaltenen Exemplaren des *Parnassius acco przewalskii* zum Gegenstand kriminalpolizeilicher Ermittlungen.

Als Namensgeber des *Parnassius acco przewalskii*, einer Unterart des ebenso wertvollen *Parnassius acco*, firmiert übrigens der russische General und Naturforscher Nikolai Przewalskii, der als Entdecker der nach ihm benannten sibirischen Wildpferde weitaus bekannter ist. Der Przewalskii-Apollo jedenfalls ist heute eine Art Blaue Mauritius der Entomologen.

Über ausgedehnte, sanft ansteigende Wiesen erreichen wir nach etwa zweistündigem Fußmarsch ein von gewaltigen Felswänden flankiertes, baumbestandenes Plateau, von dessen östlichem Rand sich ein mächtiger Wasserfall über Kaskaden in die Tiefe ergießt. Als wir in den Zauberwald vorstoßen, steigen Temperatur und Luftfeuchtigkeit merklich wie beim Betreten eines Gewächshauses an. Westerlin wischt sich mit einem hellen Tuch ständig schwer atmend den Schweiß aus dem Nacken, versichert aber wiederholt auf meine Nachfrage, alles sei bestens. Er läuft nun voraus und macht bald ein kleines Wirtshaus aus, auf dessen mit Kies bestreuter Terrasse wir uns erfrischen. Die Sonne brennt im Zenit und mein Schriftstellerfreund, den unsere Wanderung mehr erschöpft hat, als er zugeben will, zögert den Aufbruch immer wieder hinaus, bis ich ihm vorschlage, er möge ruhig sitzen bleiben, während ich die nähere Umgebung allein, weiter erkunde. Erkennbar zufrieden gibt er der Bedienung ein Zeichen, um Bier nachzubestellen.

„In einer Stunde hole ich dich hier ab", verspreche ich und meine entomologische Beharrlichkeit wird belohnt. Auf den sattgrünen Blättern eines wilden Himbeerstrauchs sitzen mit weit geöffneten Flügeln zwei Schwarze Apollos und sonnen sich. Durch die breiten glasigen Ränder ihrer gespreizten Flügel ist die Struktur der Blätter klar zu erkennen, so als blicke man durch ein milchiges Glas auf schäumendes Grün.

Von irgendwoher dringt das Hämmern eines Spechts herüber und im nächsten Moment hebt einer der beiden Falter ab, um sich auf einer tief rosafarbenen Sommerkleeblüte niederzulassen. Dieser Ort ist wie geschaffen für den Schwarzen Apollofalter, der träge von Blüte zu Blüte gleitet, um sie genüsslich abzuweiden. Es ist feucht, der Blumenbestand ist riesig und die nahen, sich nach Südwesten zu einer Schlucht verengenden Steinhänge strahlen beständig die gespeicherte Sonnenwärme ab.

Während der Falter Nektar saugt, sind die beiden schwarzen, sich zu den Spitzen hin kolbenartig verdickenden Fühler ständig in Bewegung, als tasteten sie die Umgebung unablässig auf mögliche Gefahren ab.

Ich filme den Falter, der ungern fliegt, und bewundere die Selbstverständlichkeit, mit der er sich über den Blütenkranz hermacht, als sei dies sein alleiniges Vorrecht. Frech landet ein Weißbindiges Wiesenvögelchen (*Coenonympha arcania*) neben ihm mit dem Plan, ihm seinen Platz streitig zu machen. Doch der Apollo lässt sich nicht aus der Ruhe bringen und saugt unbeirrt weiter, bis der kleinere Konkurrent kapituliert und weiterflattert.

Das hellbraune Wiesenvögelchen mit den weißen Hinterflügelbinden war lange ein Dauergast auf den bunten Wiesen Mitteleuropas. Vielerorts gehen die Bestände des Kleinschmetterlings zurück, doch in dieser Gegend ist sein Vorkommen gesichert, wie ich auf dem Rückweg zu der Waldschenke befriedigt feststelle.

Westerlin hat es sich gemütlich gemacht, die Schuhe ausgezogen, die Beine auf die Sitzfläche eines herangerückten Stuhls gelegt und offenbar weitere Getränke bestellt. Vor ihm auf dem Tisch liegt aufgeschlagen ein abgegriffenes gelbes Reclam-Heft: Shakespeares *Hamlet*. Der kleine Biergarten hat sich unterdessen mit Wanderern gefüllt. Um die sich an der Hauswand emporrankenden, intensiv duftenden Kletterrosen drängen sich Bienen und Pfauenaugen.

„Und?", sagt er. „Fündig geworden?" Ich nicke und zeige ihm meine Aufnahmen.

„Die gibt es fast nur noch hier", stelle ich klar und bestelle mir nun ebenfalls ein Bier.

„Und wie ist es für dich, wieder hier zu sein? Ich meine, in der Schweiz?"

„Das hier ist unglaublich", bricht es aus mir heraus. „Aber dauerhaft als Deutscher in der Schweiz, ich weiß nicht. Schwierig."

Ich habe von 2000 an fünf Jahre in der Nähe von Zürich gelebt. Unsere zweite Tochter wurde dort geboren. Am Ende habe ich die Schweiz um einige Illusionen ärmer wieder verlassen. Die Naturerfahrung indes ist mir eindrücklich und überaus positiv in Erinnerung geblieben. Manches Getier, das in Deutschland entweder verschollen oder ausgestorben ist, kreuzte in der Schweiz wie selbstverständlich meinen Weg: Blindschleichen, Feuersalamander, Hirsch- und Nashornkäfer, Eisvögel und Schwalbenschwänze. Auch die großen gelbgrünen Raupen des Totenkopfschwärmers kann man auf den Kartoffelfeldern noch in rauen Mengen finden.

Wir bleiben noch eine Weile, bevor wir uns an den Abstieg machen. Westerlin ist in aufgekratzter Stimmung, vermutlich wegen des Alkohols. Er quält sich, muss immer wieder Pausen einlegen. Am frühen Nachmittag treffen wir wieder im Gstaaderhof ein.

Als ich ihm beim Abendessen meinen Plan erläutere, ins Engadin weiterzufahren, um mich auf die Suche nach dem Engadiner Bär (*Arctia flavia*) zu machen, muss er nicht lange überlegen. „Gute Idee, ich bin dabei!" Dann greift er nach seinem Weinglas und sinniert: „Ob Nietzsche Schmetterlinge wohl gemocht hat?" Er grinst.

„Im *Zarathustra* gibt es eine Stelle, da schreibt er über Schmetterlinge", merke ich an. „Da heißt es: ,Und auch mir, der ich im Leben gut bin, scheinen Schmetterlinge und Seifenblasen und was ihrer Art unter Menschen ist, am meisten vom Glücke zu wissen. Diese leichten thörichten zierlichen beweglichen Seelchen flattern zu sehen – das verführt Zarathustra zu Thränen und Liedern!'"

„Gut gebrüllt, Löwe", lobt Westerlin, prostet mir zu und leert sein Glas. „Dann auf nach Sils Maria!"

SPÄTES TREFFEN MIT DEM MIT DEM GELBEN BÄR

Die Fahrt nach Sils Maria im Kanton Graubünden markiert die vorletzte Station meiner Reise durch Europa, ehe es zurück nach Deutschland geht, in den Bayerischen Wald, wo ich 1971 meinen ersten Großen Schillerfalter sah. Wir nehmen den Mittagszug der SBB, der uns in nordöstlicher Richtung bis Zürich bringt, dann Kurs nach Südosten nimmt und uns in das graubündener Hochland hinaufbefördert. Unser letzter Zwischenstopp nach gut sechs Stunden Fahrt ist St. Moritz, kurz darauf treffen wir im benachbarten Sils Maria ein.

Westerlin ist während der Zugfahrt gut gelaunt und ungewöhnlich redselig. Im Speisewagen weiht er mich endlich, nachdem er bislang in all unseren Gesprächen einen großen Bogen um sein Schreiben gemacht hat, in seine Gedanken über das ein, was er seinen „Hänger" nennt.

„Es geht gar nichts mehr!", bekennt er und trinkt schon um halb zwölf am Vormittag den ersten Schnaps. Dann erzählt er mir von den Schreibblockaden, mit denen sich Susan Sontag, Bruce Chatwin, John Updike, Hemingway und Proust herumgeschlagen haben. Er selbst fühle sich inzwischen fast ein bisschen wie dieser Idiot namens Grand in Albert Camus' Roman *Die Pest*, der einfach nicht über den ersten, immer neu formulierten Satz seines geplanten Romans hinauskommt.

Dabei habe er, Westerlin, schon fast zwei Drittel seines Buches zusammen.

Hemingway sei kurz davor gewesen, sich umzubringen, und Proust, der überhaupt nur bei absoluter Stille zu schreiben imstande gewesen sei, habe sein Pariser Arbeitszimmer am Boulevard Haussmann komplett mit Holzpaneelen verschalt, um alle Außengeräusche fernzuhalten.

„Und was machst du dagegen?", frage ich.

„Das hier!", antwortet er grimmig, packt das Schnapsglas und leert es. „Es ist zum Verzweifeln!" Westerlin legt den Kopf leicht schräg. Seine gute Laune ist augenblicklich verflogen.

„Und du meinst, das hilft?", frage ich ketzerisch und wende meinen Blick ausweichend der in Braun- und Grüntönen an uns vorbeiziehenden Berglandschaft zu.

„Wahrscheinlich nicht. Aber damit halte ich es wenigstens aus."

Um ihn abzulenken, frage ich nach seinen Totenkopfschwärmern, doch Westerlin stiert bloß weiter nachdenklich in das leere Glas. Nach einer ungemütlich langen Pause sagt er, ohne mich anzusehen: „Die Puppen stehen auf dem Balkon."

„Und was glaubst du, woran es liegt, dass du nicht schreiben kannst?"

„Am Alter, am Wetter. Keine Ahnung!" Er macht dem Kellner ein Zeichen, um nachzubestellen. „Hier sitze ich wartend, wartend – doch auf Nichts!", zitiert er aus Nietzsches *Zarathustra* und lächelt verbissen.

Ich selbst bin bislang von derartigen Blockaden verschont geblieben und will mir gar nicht vorstellen, wie sich das anfühlt: vor dem Rechner zu sitzen und nicht mehr weiter zu wissen ... Lieber erinnere ich Westerlin an den Grund für unsere Fahrt nach Graubünden: den Engadiner Bär.

Der seltene, bis in 3000 Metern Höhe lebende Bärenspinner ist in der Region zwischen dem Silser- und dem Silvaplanersee zu Hause. In Deutschland fehlt er inzwischen vollkommen, in Graubünden und im Ötztal wird er noch verhältnismäßig häufig angetroffen. Dieser nachtaktive Falter benötigt bis zu drei Jahre Entwicklungszeit.

Weltweit sind für die Familie der Bärenspinner (*Arctiinae*)mehr als 11.000 Arten verzeichnet, doch in Europa kommen lediglich gut 100 davon vor. Ihren Namen verdanken die Falter der starken und ungewöhnlich langen Behaarung ihrer Raupen. Die meisten der Bärenspinner haben auffallend bunte Warnfärbungen, mit denen sie sich Fressfeinde vom Leib halten, und sind in der Lage, einen intensiven Geruch abzusondern, der auf diese zusätzlich abstoßend wirkt. Rund 2000 Arten innerhalb dieser Schmetterlingsfamilie bilden den Tribus der Ctenuchini. Diese Arten kennzeichnet ein außergewöhnlich kompliziertes Tarn- und Abwehrverhalten.

Darunter sind einige, die eine nahezu perfekte Wespenmimikry in Form und Verhalten beherrschen.

Ein Alleinstellungsmerkmal der Bärenspinner ist ihr besonderes *Tympanalorgan.* Dabei handelt es sich um ein Schallsinnesorgan, wie Heuschrecken, Grillen, Zikaden oder Wanzen besitzen. Das Trommelfell, Tympanum, wird in Schwingungen versetzt, sobald es von Schallwellen getroffen wird. Seine hauptsächliche Funktion bei Nachtfaltern ist, die Ultraschalllaute von Fledermäusen für sie hörbar zu machen, sodass sie sich besser vor ihnen verstecken können. Die speziellen Tympanalorgane der Bärenspinner machen es ihnen im Gegensatz zu anderen Insekten und Schmetterlingen möglich, durch schnelle Muskelkontraktionen auch selbst Ultraschalllaute zu erzeugen, die auf ihre Fressfeinde offenbar abschreckend wirken.

Westerlin folgt meinen Ausführungen über Bärenspinner nur wenig interessiert. Den Mittag über liest er Shakespeare und döst immer wieder ein, während ich wieder in Jüngers Käferbuch blättere und die Karte von Graubünden studiere. Irgendwann schaut Westerlin von seiner Lektüre auf und fragt: „Sagt dir eigentlich Lord Castlepool etwas?"

„Du meinst den tollpatschigen Schmetterlingssammler aus den *Winnetou*-Filmen? Na, klar! Die habe ich als Junge geliebt!“

„Eddi Arent war großartig in der Rolle!“

„Genau so bin ich mir mehr als einmal vorgekommen, wenn ich in irgendwelchen Kurorten oder an Badeseen Faltern hinterher gerannt bin und die Leute mich angestarrt haben, als sei ich nicht ganz bei Trost, ein zweiter Castlepool“, schmunzele ich.

„Ich habe Karl May als Junge verschlungen, all die ölfarbenen Leinenbände, die in der kleinen Hausbibliothek meines Vaters standen“, erinnert sich Westerlin.

„Bei meiner Großmutter standen Cronin, Stifter und Hamsun im Regal. Neben den Tagebüchern von Churchill, der Biografie von Charlie Chaplin und Fenimore Coopers *Lederstrumpf*“, halte ich dagegen.

Westerlin nickt anerkennend.

„Auch keine schlechte Schule!“

Nach unserer Ankunft in Sils Maria checken wir am frühen Abend in das Hotel Edelweiss am Ortsrand unweit des Silsersees ein. Westerlin schlägt einen Gang zum Nietzsche-Haus in der Via da Marias vor, doch als wir dort ankommen, hat es bereits geschlossen.

Wir verschieben den Besuch bei Nietzsche auf den nächsten Tag, setzen uns mit zwei Flaschen Calanda Lager und Westerlins Trester auf meinen keinen Balkon, sehen raus auf den See und er erzählt mir von seinen zwei spanischen Windhunden, die er für die Dauer seiner Abwesenheit bei einer Freundin untergebracht hat.

In der einsetzenden Dämmerung kreisen Hufeisennasen, eine Fledermausart, die um diese Zeit in Parks und Alleen auf die Jagd geht, um die Laternen. Als ich mein kleines Fernglas zur Hand nehme, realisiere ich aber, dass es sich in Wirklichkeit um Wiener Nachtpfauenaugen (*Saturnia pyri*) handelt. Aufgrund ihrer enormen Spannweite von bis zu 170 Millimetern sind die Falter leicht mit den dämmerungsaktiven Fledermäusen zu verwechseln.

„Sieh dir das an!" Ich reiche Westerlin das Fernglas. „Fantastisch, oder?"

„Das sind ja echte Giganten!"

„So nervös, wie die ums Licht flattern, könnte man sie leicht für Fledermäuse halten", bemerke ich und berichte dann von einem meiner jüngsten Projekte: „Im Frühling habe ich 40 *Pyri*-Raupen gezogen, die sich kurz vor meiner Abreise verpuppt haben. Die grünen dornigen Raupen sind wahre Fressmonster und am Ende so lang und dick wie mein Mittelfinger. Wenn sie gut durch den Winter kommen, schlüpfen sie im nächsten Frühsommer."

Zwei Stunden später glimmen nur noch die wenigen Lichter der umstehenden Häuser und Hotels in der

Schwärze. Westerlin ist angetrunken. Statt zum Abendessen runterzugehen, lassen wir uns ein paar Wurst- und Käsebrote aufs Zimmer bringen.

Am nächsten Morgen trägt mein Freund zum späten Frühstück eine Sonnenbrille. Bald darauf stehen wir im Nietzsche-Haus und betrachten die ausgestellten Handschriften. Nietzsche verbrachte zwischen 1881 und 1887 sieben Sommer in Sils und die fünfteilige Dauerausstellung vermittelt eine Ahnung davon, wie der Philosoph einst dort gelebt hat – nämlich höchst bescheiden. „Lieber alter Freund", schrieb Nietzsche im Juni 1883 an Carl von Gersdorff, „nun bin ich wieder im Ober-Engadin, zum dritten Male, und wieder fühle ich, dass hier und nirgendswo anders meine rechte Heimat und Brutstätte ist."

Westerlin ist erkennbar gerührt und wird wieder lebhafter, denn als wir später zum See hinunterlaufen, redet er pausenlos über das Schreiben und möchte sich am Abend lieber an einigen Notizen versuchen, um auf diese Weise gegen seine Blockade anzukämpfen, statt mit mir in der Dämmerung nach dem Engadiner Bär zu suchen.

Also breche ich gegen 20 Uhr allein auf und arbeite mich durch die dicht stehenden Tannen die östliche Bergwand hinauf, bis ich die ersten leicht vereisten Wiesen erreiche, die der Engadiner Bär oft aufsucht. Auf einer kleinen Lichtung stelle ich meine Lampen auf, dann heißt es warten. Obwohl es bitterkalt ist, wagen sich verschiedene kleinere Falter hervor: eine anfangs eher scheue Klosterfrau *(Panthea coenobita),* eine Gelbe Bandeule *(Noctua fimbriata),* die mit der bei uns weit verbreiteten Hausmutter *(Noctua pronuba)* verwandt ist, und ein Gelber Fleckleibbär *(Spilosoma lutea).*

Auf ein Stelldichein mit dem deutlich größeren Gelben Bär, wie der Engadiner Bär auch genannt wird, warte ich aber vergebens und mache mich frustriert an den Abstieg. Als ich wieder im Edelweiss eintreffe, ist es kurz nach zehn und Westerlin sitzt an der Bar.

„Und? Erfolg gehabt?", begrüßt er mich.

„Ich hab ein paar schöne Sachen gesehen, aber vom Gelben Bär keine Spur. Leider! Und du?"

„Auch nicht viel besser!", seufzt er. „Es klemmt einfach und ich kapier nicht, wieso."

„Doch kein Nietzsche-Effekt? Ich dachte, der Besuch in seinem Wohnhaus hätte dich inspiriert?"

„Hat er auch! Aber ich bin eben kein Nietzsche, sondern nur ich!" Als er das sagt, klingt er wie ein Kind, das es trotz der simplen Bauanleitung, die der LEGO-Polizeistation beiliegt, nicht vermocht hat, das Ding zusammenzubauen.

„Dann lass jetzt einfach mal los!", empfehle ich und komme mir im selben Moment vor wie ein amateurhafter Psychotherapeut, der nichts als dümmliche Floskeln zu bieten hat.

„Loslassen?", wiederholt er ungläubig. „Wie soll das gehen, wenn das Schreiben alles ist, was man noch hat?"

„Du hast recht", entschuldige ich mich kleinlaut. „Dann bestell uns schon mal zwei Schnäpse! Ich bring nur schnell meine Sachen hoch." Oben hole ich kurz mein Fernglas hervor und richte es wieder auf die Laternen. Von den *Pyri* ist jedoch nichts zu sehen. Es scheint einfach nicht mein Glückstag zu sein. Aber noch kann ich mich damit nicht abfinden. Sollte ausgerechnet meine Suche nach dem Engadiner Bär ergebnislos bleiben? Bereits für den nächsten Tag haben wir die Weiterreise in den Bayerischen Wald geplant.

Als wir unsere Rechnungen bezahlen, denke ich mit Bedauern an den in entomologischer Hinsicht ziemlich dürftigen Vorabend zurück. Doch als wir über den kleinen Vorplatz des Hotels laufen und in die schmale, von Laternen gesäumte Dorfstraße zum Bahnhof einbiegen, bin ich mit einem Mal stumm vor Staunen: Am Pfahl einer Laterne sitzt doch tatsächlich ein männlicher Gelber Bär.

Ich filme den in Ruhestellung verharrenden Falter mit dem Handy. Seine zusammengeschobenen Deckflügel, die die kräftig gelben Hinterflügel verbergen, erinnern an das charakteristische Fellmuster einer Giraffe: zwei helle Flächen, die von unterschiedlich großen dunkelbraunen Quadern und Rauten durchsetzt sind. Die für Bärenspinner typische dichte Behaarung, die den Oberkörper normalerweise komplett überzieht, fehlt bei diesem Exemplar, was darauf schließen lässt, dass es schon viele Flugstunden durchlebt hat. Folgerichtig fehlt auch der sonst auffallend rot leuchtende Nackenstreifen, der den Kopf vom Oberkörper optisch abgrenzt.

„Das ist so einer? So ein Gelber Bär?", fragt Westerlin, tritt vorsichtig heran und inspiziert den Falter.

„Ja, ein wenig ramponiert zwar, aber immerhin."

Westerlin schaut weiter interessiert zu und wartet, bis ich die Handykamera ausschalte. „Also zufrieden?"

„Na klar", bestätige ich freudig. „Und was ist mit dir?"

„Ich lasse gerade los", antwortet er etwas süffisant. Dann rückt er die Sonnenbrille wieder vor die Augen und schlendert in Richtung Bahnhof.

„Oh, verstehe. Gut so!", erwidere ich und folge ihm grinsend nach.

DAS
SCHILLERN
DES TODES

Ich sage Westerlin, dass er mich manchmal an Viktor erinnert, vielleicht wegen der ebenso schlohweißen Haare, die seinen kantigen Schädel umgeben, vielleicht wegen der vorwurfsvollen Haltung, die er an den Tag legt, als schulde ihm die Welt etwas. Bei Onkel Viktor hatte ich immer das Gefühl, er liege mit der Welt im Widerstreit.

„Woran ist er eigentlich gestorben, dein Held?", fragt er, während unser Zug über die letzten Schweizer Schienenkilometer rollt und Chur draußen vorbeizieht. In München werden wir nach Deggendorf im Bayerischen Wald umsteigen. Dann ist es nur noch eine halbe Stunde Autofahrt bis zum Kleinen Arbersee, den ich bewusst an das Ende meiner Europatour gesetzt habe, weil ich dort als Junge meinen ersten Großen Schillerfalter (*Apatura iris*) gesehen habe. Für mich schließt sich mit dieser Station ein Kreis. Wir hatten in Deggendorf Freunde meiner Großmutter besucht und gemeinsam Ausflüge in die nähere Umgebung unternommen, zum Beispiel auch an den Kleinen Arbersee. Ich muss elf oder zwölf gewesen sein.

„Viktor hat sich erschossen!", antworte ich. „In seiner Werkstatt."

„Erschossen?", Westerlin sieht mich ungläubig an.

„Ja, mit einer der Pistolen, die er einem Jugoslawen in Porec abgekauft hatte, wo wir Camping gemacht hatten."

„Wieso hat er das getan?", fragt Westerlin und fährt sich mit der Hand über sein unrasiertes Kinn.

„Wieso erschießt sich einer? Weil er nicht mehr leben will. Viktor hatte schon lange genug von allem."

„Das hat er dir gesagt?"

„Immer wieder! Aber dass er sich erschießen würde, hätte ich nie gedacht. Es war ein Schock!"

„Was er wohl in den Schmetterlingen gesehen hat?", überlegt Westerlin.

„Das habe ich mich oft gefragt. Und was er fühlte, wenn er einen von ihnen, hilflos in seinem Netz gefangen, durch ein kurzes kräftiges Zusammendrücken des Thorax tötete."

„Vielleicht hat ihn das kurze flüchtige Aufleuchten ihres Lebens fasziniert? Ihre von Anfang an bedrohte Schönheit, ihre rasche Vergänglichkeit?"

„Vielleicht", erwidere ich.

„Und wie ist es bei dir?", sagt Westerlin. „Was fesselt dich so sehr an Schmetterlingen, dass du kreuz und quer durch die Welt reist, um sie zu sehen?"

Ich denke kurz nach, dann antworte ich: „Der italienische Schriftsteller Giorgio Manganelli bekannte einmal, gegenüber Schmetterlingen bei aller Bewunderung für sie ein Gefühl der Ratlosigkeit und der Unterlegenheit zu empfinden. Bei mir ist es das genaue Gegenteil: Wenn ich einem Schmetterling begegne, steigt augenblicklich ein Gefühl des Triumphs und der Lebendigkeit in mir auf. Weil er mir vor Augen führt, wie schön und vital das Dasein trotz aller Zerbrechlichkeit ist und dass das Leben immer neu beginnt. Mit jedem einsetzenden Winter denke ich: So, das war's jetzt, die Schmetterlinge siehst du nie wieder! Doch dann wird es Frühling, ich entdecke den ersten Aurorafalter und ein Schauer der Dankbarkeit erfüllt mich und mein Herz macht einen Sprung."

„Deshalb schreibst du auch über sie?"

„Ja! In all meinen Büchern spielen Schmetterlinge eine Rolle. Ich hole sie in meine Geschichten wie man gute Freunde zu sich nach Hause einlädt, in deren Gegenwart man sich wohlfühlt, weniger einsam. Vielleicht hat Viktor sich unter Schmetterlingen weniger allein, weniger einsam gefühlt? Aber vielleicht hat ihn auch bloß ihr unerschütterliches Leuchten vor dem kurzen, lautlosen Verlöschen angezogen? Einmal hat er mit Blick auf einen Schillerfalter, den er gerade präpariert hatte, zu mir gesagt: ‚Solch eine Schönheit für die Dauer einiger Tage! Was für eine Verschwendung der Natur!'"

„Und weshalb züchtest du Totenkopfschwärmer?", frage ich Westerlin im Gegenzug.

„Mich fasziniert das Fremdartige an ihnen. Ihre unglaublich großen Augen und die Geräusche, die sie machen. Sie kommen mir vor wie Wesen von einem anderen Stern. In ihrer Gegenwart ertrage ich meine eigene Fremdheit besser, die mich manchmal überfällt, wenn ich nach einer zu langen Nacht morgens zerschlagen vor dem Spiegel stehe und mich frage, wer mir da gegenübersteht. Für mich haben sie etwas Geheimnisvolles, ja sogar Mythisches."

„Vielleicht war es für Viktor ja so ähnlich?"

Am Nachmittag beziehen wir in Deggendorf im Gasthof Höttl Quartier und essen niederbayerischen Ochsenbraten mit Semmelknödeln und Speckbohnen zu Abend.

Der Große Schillerfalter, übrigens ein ausgezeichneter Flieger, zählt zu den prachtvollsten und wohl auch geheimnisvollsten Vertretern seiner Gattung. Er liebt feuchte, schattige Waldwege und bleibt für das menschliche Auge oft unsichtbar. Die weiblichen Falter ziehen es gar vor, sich in den Baumkronen aufzuhalten, und besuchen keine Blüten. Dagegen lassen sich häufig ganze Gruppen von Faltern ausgiebig studieren, wenn sie sich auf dem nassen Boden niederlassen, um zu trinken.

Anlocken kann man Schillerfalter zum Bespiel mit stark riechendem Käse oder mit in Benzin getränkten

Lappen. Offenbar verfügen sie über einen hochsensiblen Geruchssinn. Die Falter, deren Flügeloberseiten eine schwarzblaue Grundfärbung besitzen, erreichen eine Spannweite von bis zu 70 Millimetern. Fällt Licht auf ihre Flügel, entfachen ausschließlich die männlichen Falter das für sie typische irisierende Schillern, das durch winzige Luftkammern in den Schuppen erzeugt wird. Über die vier Flügel erstreckt sich eine schneeweiße Binde, das sogenannte Diskalband. Zudem findet sich auf den Hinterflügeloberseiten jeweils ein aus einem orangefarbenen Ring gebildeter Fleck.

Die mattgrünen, mit zwei Kopfhörnern ausgestatteten und an Salweide, Silberweide und Grauweide fressenden Raupen verzehren auf der Spitze des Blattes sitzend breite Streifen davon, sodass zuletzt nur die Blattader unversehrt zurückbleibt. Dadurch entsteht das für sie typische Fraßbild: zwei gespiegelte Halbmonde. Wer sich also auf die Suche nach den Raupen des Großen Schillerfalters macht, sollte ihre Futterpflanzen gezielt auf diese verräterischen Halbmonde hin absuchen.

Der Kleine Schillerfalter (*Apatura ilia*) unterscheidet sich von seinem großen Bruder am stärksten durch die Zeichnung seiner Flügelunterseiten. Beim Kleinen Schillerfalter ist diese eher eintönig gelbbraun, beim Großen Schillerfalter fällt sie weit kontrastreicher aus.

Am nächsten Morgen fahren wir von Lam aus mit dem Bus bis zur Haltestelle Lohberghütte an den Kleinen Arbersee. Umgeben von den sich sacht erhebenden Hügeln des Bayerischen Waldes ist er mit einer Gesamtfläche von knapp 63.000 Quadratmetern einer von drei Karseen, die als Relikte der Eiszeit gelten. Wegen seines ungewöhnlich niedrigen PH-Werts waren lange nur Kleinlebewesen darin zu finden. Umgeben von verlandetem Hochmoorkolk sind große Teile des Kleinen Arbersees mit einer auf dem Wasser schwimmenden Pflanzendecke aus Moosen bedeckt, die Schwingrasen genannt wird. Am Ufer setzen wir uns ins Gras und ich erzähle Westerlin von früher.

1971 waren wir mit Viktors Wagen an den See gefahren, hatten unsere Campingstühle und unsere Liegen aus dem Kofferraum genommen und es uns am Ufer im Schatten der Weiden bequem gemacht. Meine Großmutter hatte in der *Neuen Revue* gelesen und Viktor seine übliche Reval geraucht, während ich die Gegend inspizierte. So nannte ich das hochtrabend: *die Gegend inspizieren.* Als wäre ich Tom Sawyer. Ich hatte Libellen und Wasserläufer bestaunt und mit meinem Netz Jagd auf Bläulinge und Schachbrettfalter gemacht. Zurück auf dem mit tausend Lichtlachen gesprenkelten Waldweg machte ich mich daran, den See zu umrunden. Und plötzlich saß er einen Meter entfernt vor mir auf dem Boden: mein erster Großer Schillerfalter.

Mein Herz schlug vor Erregung bis zum Hals hinauf und ich setzte vorsichtig einen Fuß vor den anderen, um noch näher an ihn heranzukommen. Mit furchtlos ausgebreiteten Flügeln stellte er seine atemberaubende Schönheit aus. Der Falter drehte sich eine Spur mehr ins Licht und sogleich entfachten seine Flügel ihren zauberhaften Schiller. Ganz vorsichtig brachte ich mein Netz über dem für meine damaligen Begriffe riesigen Falter in Stellung. Wahrscheinlich wäre es ein Leichtes gewesen, ihn zu besitzen. Doch was ich viel mehr genoss als das Bewusstsein, womöglich in Kürze den dicksten Fang meiner noch bescheidenen Schmetterlingsjägerkarriere zu machen, war die Zeitlosigkeit, die ich empfand. Ein Gefühl, als sei die Zeit von Geisterhand angehalten. Etwas nur schwer Erklärbares, um dessentwillen ich noch heute, wenn ich im Sommer mit dem Rad oder Wagen unterwegs bin, anhalte oder rechts ranfahre, das Rad ins Gras lege oder den Wagen abstelle und mich in die Büsche schlage.

„Und? Hast du ihn gefangen?", will Westerlin wissen.

„Nein, ich konnte einfach nicht."

„Warum nicht?"

„Keine Ahnung. Ich weiß aber noch, dass ich mir wünschte, dieser Augenblick möge niemals enden. Er war voller Magie, ein unerklärliches Einswerden. Das habe ich in dieser Intensität später nie mehr erlebt."

„Du Glücklicher!", sagt Westerlin.

„Ja, das war ich wohl: ein Glücklicher!"

Hinter mir liegen lange Monate des Reisens, diverse Hotelzimmer, unzählige Fahrten mit Bus und Bahn, viel zu viele Stunden im Flugzeug. Nun bin ich wieder dort, wo ich einst als Kind glücklich war.

„Alle Schmetterlinge sind schön und hässlich zugleich, wie die Menschen", hat Vladimir Nabokov einmal in einem Interview bemerkt. Daran muss ich denken, als ich zu Westerlin sage: „Ich bin gleich wieder da", mich aus dem Gras erhebe und den Weg einschlage, den ich schon als 11-Jähriger nahm, um den See zu umrunden. Nabokov hatte Recht. Die Dinge sind nur das, was wir von ihnen denken. Das gilt auch für Schmetterlinge. Giorgio Manganelli hat nur seine Unterlegenheit gesehen, wenn er einem von ihnen begegnete. Apostolos, der freundliche Hotelangestellte auf Samos, spürte nur seine Furcht und für Nabokov waren Schmetterlinge Auslöser unvergleichlicher Ekstasen.

Also was hat Viktor in ihnen gesehen, wenn er sein Netz über sie breitete? Das Leuchten oder Schillern ihres nahen Todes und damit seines eigenen? Hat er sie gejagt und gefangen, um dadurch den Tod noch eine Zeit lang zu bannen? Um indirekt über ihn zu triumphieren?

Langsam laufe ich dahin, erfüllt von meinen Erinnerungen und übergossen vom Licht, das in Millionen
Tropfen durch die dichten Blätterdächer bricht und
mich umspült. Und plötzlich bin ich wieder der Junge
von damals. Drüben unter den Weiden steht unser ro-
ter Opel. Meine Großmutter liegt in ihrem Liegestuhl
und der Rauch von Viktors Zigaretten treibt als dürrer
Fächer hinaus auf den See. Damit sich alles erfüllt und
mein Glück vollkommen ist, fehlt jetzt nur noch der
Große Schillerfalter, der sich vor mir auf dem Boden
niederlässt und mir sein Schillern zeigt ...

ANHANG

EIN SCHMETTERLING – WAS IST DAS?

Schmetterlinge gehören zu den farbenprächtigsten Geschöpfen der Natur. Nicht nur sind sie schön anzusehen, sondern sie bilden außerdem einen wichtigen Bestandteil vieler Ökosysteme in aller Welt. Wer sich für Schmetterlinge interessiert, sollte über ihre besondere Physiognomie, die verschiedenen Entwicklungsstadien vom Ei über die Raupe und die Puppe zum Falter sowie ihre Lebensweise und Ernährung Bescheid wissen. Deshalb habe ich eine Auswahl solcher grundsätzlichen Informationen über Schmetterlinge zusammengestellt, Wissenswertes über die Vielfalt der Arten, die Herkunft der Namen und die Taxonomie.

Artenvielfalt

Schmetterlinge (*Lepidoptera*) bilden mit zirka 160.000 beschriebenen Arten in 130 Familien gefolgt von den Käfern die artenreichste Insektenordnung. Allein in Mitteleuropa einschließlich der Alpen sind etwa 4000 Schmetterlingsarten nachgewiesen. Rund 3800 davon kommen auch in Deutschland vor. Für ganz Europa sind insgesamt 10.600 Arten verzeichnet. Man unterscheidet dabei zwischen Großschmetterlingen (*Makrolepidoptera*) und Kleinschmetterlingen (*Mikrolepidoptera*).
Vieles über die Schmetterlinge, selbst über unsere heimischen Falter, ist bis heute noch unerforscht. Das be-

trifft sowohl ihre Lebensweise als vollentwickelte Falter als auch das Verhalten und die Futterpflanzen ihrer Raupen sowie die saisonal schwankenden Generationenzahlen verschiedener Arten. Jedes Jahr werden darüber hinaus ungefähr 700 neue Arten entdeckt.

Namensherkunft

Die erstmals 1501 belegte deutsche Bezeichnung „Schmetterling" geht auf das ostmitteldeutsche Wort „Schmettern" zurück. Sagen zufolge galten Schmetterlinge als Hexenwesen, die es auf den Rahm oder Schmand der Bauern abgesehen hatten und darum im Volksmund als „Schmanddiebe" bezeichnet wurden. Weitere Synonyme waren „Milchdieb" oder „Molkenstehler". Die englische Bezeichnung *butterfly* weist in dieselbe Richtung. Das Wort „Schmetterling" selbst gilt erst seit dem 18. Jahrhundert als bestimmend. Lange hatte man die Falter ihren Flugzeiten entsprechend in sogenannte Nachtvögel und Tagvögel eingeteilt. Noch heute zeugt davon die unter Schmetterlingsforschern verbreitete Unterscheidung in Nacht- und Tagfalter. Der wissenschaftliche Begriff *Lepidoptera* ist wörtlich als „Schuppenflügler" zu übersetzen. Der Begriff geht auf den Naturforscher Carl von Linné (1707–1778) zurück und setzt sich aus den griechischen Worten *lepidos* („Schuppe") und *pterá* („Flügel") zusammen. Das altgriechische Wort für Schmetterlinge lautete *psyché*, da man sie aufgrund ihres hauchzarten Wesens und ihrer federleichten Bewegungen für Reinkarnationen menschlicher Seelen hielt.

Körperbau

Schmetterlinge zählen zu den Kerbtieren (*Insecta*) oder Sechsfüßern (*Hexapoda*). Charakteristisch für Schmetterlinge ist ihr Außenskelett aus Chitin, das ihnen Festigkeit verleiht. Die Gliederung des Skeletts in einzelne Chitinplatten (*Sklerite*), die ihrerseits durch biegsame Häute (*Membranen*) miteinander verbunden sind, gewährleistet eine gute Beweglichkeit. Die ringförmigen Chitinplatten nennt man auch Segmente. Grob unterteilt man den Schmetterlingskörper in drei Abschnitte: Kopf (*Caput*), Brust (*Thorax*) und Hinterleib (*Abdomen*), die jeweils aus mehreren Segmenten bestehen.

Sinnesorgane

Der Kopf versammelt die wichtigsten Sinnesorgane: große Facettenaugen und einfache Neben- und Stirnaugen (*Ocellen*), zudem die Fühler (*Antennen*) sowie den Saugrüssel. Die Facettenaugen setzen sich aus bis zu mehreren Tausend Augenkeilchen zusammen. Dabei bildet jedes Augenkeilchen eine eigenständige funktionelle Einheit. Zusammen erzeugen sie ein mosaikartiges Wahrnehmungsbild. Die Sehschärfe eines Schmetterlings ist dagegen nicht sehr ausgeprägt. Der Radius seiner Wahrnehmung ist auf wenige Meter begrenzt. Gleichwohl vermag er Farben gut zu unterscheiden.

Die Fühler sind vor allem Träger des feinen Geruchssinns, aber auch Tastorgane. Außerdem sind sie empfindlich für Schall und Erschütterungsreize. Bei männlichen Tagfaltern arbeiten Gesichts- und Geruchssinn synchron, um weibliche Falter zu orten, und leiten sie auf ihren Suchflügen zuverlässig zu ihnen.

Der Gehörsinn ist bei vielen Faltern auf die Schallregistrierung durch die Antennen beschränkt. Manche höher entwickelte Schmetterlinge haben zusätzlich in Hohlräumen an den Wurzeln ihrer Flügel aus Sinneszellen bestehende Chordontalorgane, die wie Gitarrensaiten schwingen und sogar auf Ultraschall ansprechen.

Brust

Die Brust (*Thorax*) setzt sich aus drei miteinander verbundenen Segmenten zusammen. Jedes Segment trägt ein Beinpaar, das zweite und dritte außerdem je einen Flügel. Die Beine gliedern sich in je fünf Abschnitte: Hüfte (*Coxa*), Schenkelring (*Trochanter*), Schenkel (*Femur*), Schiene (*Tibia*) und Fuß (*Tarsus*). Des Weiteren befinden sich bei bestimmten männlichen Faltern keulenartige Duftorgane an den Beinschienen. Bei zahlreichen Faltern sind die Vorderbeine zu Putzpfoten verkümmert.

Flügel

Die Flügel sind zwei sehr flache, von chitinisierten Röhren (Adern) durchzogene, membranöse Doppelhäute. Die beiden Schichten legen sich nach dem Schlupf des Falters aus der Puppe gegeneinander. Dabei werden die Tracheen, die bis dahin für die Atmung der Raupe, den Gasaustausch und den Sauerstoff-Transport ins Gewebe zuständig waren, zu Rippen (*Costae*). Verschiedenartige Vorrichtungen sichern das Zusammenspiel aller vier Flügel beim Flug. Bei manchen Familien sind dies Haftborsten an den Hinterflügeln, die sich in einer Art Öse am Vorderflügel einhaken.

Was die Schmetterlinge grundsätzlich von anderen Insekten unterscheidet, ist die dichte Beschuppung ihrer Flügel. Sie besteht aus abgeflachten einstigen Haaren. Die einzelne Schuppe (*Squamula*) besteht aus zwei an den Rändern verbundenen Plättchen (*Lamellen*). Dazwischen befindet sich jeweils ein Hohlraum, der mit Luft gefüllt ist. Man unterscheidet zwischen Grund-, Deck- und Duftschuppen.

Hinterleib

Der Hinterleib (*Abdomen*) der Schmetterlinge ist gegenüber anderen Insekten von zwölf auf sieben bis acht Segmente reduziert. Er enthält die Verdauungsorgane mit der Afteröffnung. An seinen Seiten liegen die Atmungsorgane (*Stigmen*). Häufig ist der Hinterleib behaart oder beschuppt. Bei männlichen Faltern, vor allem Nachtfaltern, trägt er einen Analbusch, der die Afteröffnung verbirgt. Bei den weiblichen Faltern haben die wolligen Haare in der Regel die Funktion, darunter abgelegte Eier zu verbergen.

Ernährung

Die Mundwerkzeuge von Schmetterlingen haben sich evolutionär aus den Kauwerkzeugen, wie sie Käfer oder Heuschrecken nach wie vor besitzen, entwickelt, sind aber inzwischen in den meisten Fällen verkümmert und nicht alle Falter nehmen überhaupt Futter auf. Das gilt unter anderem für Schwärmer, Glucken und einzelne Arten unter den Pfauenspinnern.

Der Saugrüssel ist im Ruhestadium des Falters spiralig aufgerollt, wobei seine Länge zwischen den Falterfamilien stark variiert. Schwärmer (*Sphingidae*) etwa, die in der Dämmerung kräftig duftende Pflanzen wie Phlox oder Liguster besuchen, verfügen über äußerst lange Rüssel, die sie, im Schwirrflug vor den Blüten verharrend, in deren tief gewundene Kelche eintauchen. Auch eine ganze Reihe von Tagfaltern nimmt mit dem Rüssel Flüssigkeit auf, trinkt an Bächen oder Pfützen oder saugt die Säfte aufgeplatzter Früchte.

Eine Vielzahl von Schmetterlingen ernährt sich hauptsächlich von dem an Glucose, Saccharose, Fructose und Duftstoffen reichen Nektar verschiedener Blüten. Zu den beliebtesten Nektarpflanzen gehört der zur Gattung der Braunwurzgewächse zählende Sommerflieder. Doch kommen daneben gänzlich andere Ernährungsgewohnheiten vor: Manche Falter bevorzugen Tierexkremente, Schweiß oder Urin.

Entwicklung (Metamorphose)

Das Wort „Metamorphose" leitet sich von dem griechischen *metamórphosis* ab und bezeichnet beim Schmetterling die Umwandlung von der Larvenform zum Adultstadium, dem geschlechtsreifen erwachsenen Tier (*Imago*).

Der Schmetterling durchläuft diese Umwandlung in vier Phasen: vom Ei über die Raupe (die sich während ihres Wachstums bis zu vier mal häutet) und die Puppe bis zum Falter. Anders als Libellen oder Heuschrecken legt der Schmetterling mit dem Puppenstadium, der dritten Phase seiner Verwandlung, ein bis zu vier Jahre währendes Ruhestadium ein.

Das Ei

Die Formen der Eier sind jeweils charakteristisch für bestimmte Familien, Gattungen und Arten. Während das Ei eines Kleinen Eisvogels (*Limenitis camilla*) kugelartig und von winzigen Stacheln umgeben ist, hat das Ei des Sechsfleck-Widderchens (*Zyguena filipendulae*) etwa die Form eines Hühnereis. Die gehärtete Oberfläche eines Eis besteht aus Chitin. Auf jedem Ei gibt es eine Stelle, die häufig rosettenförmig eingebuchtet ist und in deren Mitte sich eine kleine Öffnung, die *Mikropyle*, befindet. Durch sie dringen die Samenfäden bei der Befruchtung ins Ei ein. Die Befruchtung findet erst während der Eiablage statt, obwohl das Männchen bereits zu einem früheren Zeitpunkt, bei der Paarung, seine Samenpakete im Körper des Weibchens hinterlassen hat. Häufig ist die Farbe der frisch abgelegten Eier gelb, rötlich oder grün, dunkelt aber nach.

Das Eistadium dauert unterschiedlich lang. Manche Raupen schlüpfen schon nach sechs bis 14 Tagen, häufig aber überwintern Eier und die Räupchen schlüpfen erst im folgenden Frühjahr. Ebenso variiert die Zahl der von den weiblichen Faltern abgelegten Eier stark. Die Spanne reicht von einem Dutzend bis zu mehreren Tausend. Bestimmte Falter verstreuen ihre Eier scheinbar wahllos über die Wirtspflanzen, andere setzen sie gezielt darauf ab.

Die Raupe

Der Körper der Raupe besteht aus drei Brust- und elf Hinterleibsegmenten. Es gibt behaarte, dornige und nackte Raupen. Andere sind mit Warzen besetzt, einem Analhorn, wie es für die meisten Schwärmer-Arten typisch ist, oder langen Brennhaaren, die bei Berührung allergische Reaktionen auslösen können. Der Raupenkopf ist eine chitinisierte Kapsel, versehen mit diversen Punktaugen, winzigen Fühlern und kräftigen Fresswerkzeugen. Die Brustsegmente tragen je ein Paar Brust- und Thorakelbeine. Dabei handelt es sich um echte, gegliederte Beine. Bauchfüße oder sogenannte Nachschieber sind im Gegensatz dazu nur im Raupenstadium existente „Beine", eine Art temporäre Hilfskonstruktion, die es der Raupe ermöglicht, ihren langgezogenen Leib in Form sich wellenförmig über den Körper fortsetzender Schiebbewegungen vorwärtszubewegen.

Der innere Aufbau der Raupe ist im Vergleich zu dem des späteren Falters eher simpel und enthält Brust-, Bauch- und Schlundganglien, das Herz, die Hoden und die Speiseröhre sowie den kompletten Darmtrakt.

Das Raupenstadium ist das Fressstadium, in dem die Raupe ihr Gewicht teilweise um das 700-fache steigert. Wegen des enormen Wachstums sind oft mehrere Häutungen nötig. Die meisten Raupen sind polyphag, das heißt, sie fressen an verschiedenen Pflanzenarten. Die Dauer dieses Stadiums ist von Art zu Art verschieden und kann von einem Monat bis zu mehreren Jahren währen, wie im Fall der endophagen, Holz fressenden Raupen. Auch überwintern bestimmte Raupen, indem sie die eigene Körpertemperatur stark herabsetzen und in eine Art Kältestarre verfallen.

Die Puppe

Die letzte Häutung der Raupe ist ihre Verwandlung zur Puppe. Man unterscheidet verschiedene Formen wie Gürtelpuppen, Stürzpuppen oder frei liegende Puppen. Je nach Form sind die Puppen unterschiedlich beweglich. Zur Verwandlung in eine Stürzpuppe hängt sich die Raupe kopfüber an einem Ästchen auf. Die Gürtelpuppe dagegen wird von einem von der Raupe an einen Ast gesponnenen Gürtelfaden gehalten, der sie umschließt. Schwärmerpuppen liegen frei, zumeist sind sie in Erdmulden oder unter Steinen verborgen. Die Puppen der Pfauenspinner wie zum Beispiel die des Kleinen Nachtpfauenauges (*Saturnia pavonia*) sind in robusten Reusen verborgen, die sie vor Fressfeinden schützen. Die Mehrzahl der Puppen ist braun oder schwarz, manche sind grün oder gelb. Die Umwandlung der Puppe in einen Falter beginnt mit der *Histolyse*. Dieser Terminus bezeichnet den in der Puppe stattfindenden Gewebeabbau, in dessen Verlauf fast alle Körperzellen der Raupe durch enzymatische Prozesse aufgelöst werden. Aus dem verflüssigten Gewebe bilden sich neue Zellen, aus denen dann die Organe des Falters entstehen.

Der Falter

Ist der Falter in der Puppenhülle vollständig entwickelt, sprengt er sie und schiebt sich Zentimeter um Zentimeter aus ihr heraus. Seine Flügel sind zu diesem Zeitpunkt noch sackartig. Um sie ungestört zu entfalten, sucht sich der Falter nun einen geschützten Ort. Anschließend dehnt er die Hautsäcke durch das Einpumpen von Blut und Luft in ihre Adern. Sind die Flügel vollends ausgebildet, schließt der Falter sie, um sie zu härten. Dieser Vorgang dauert bei den meisten Arten zwischen einer Stunde und sieben Stunden. Anschließend ist der Falter startbereit.

Lebens- und Flugzeiten

Der Großteil der in Mitteleuropa vorkommenden Schmetterlinge zeigt sich zwischen März und Oktober. Ihre Lebensdauer ist von Art zu Art sehr verschieden. Die meisten Sommerfalter leben zwischen drei und fünf Wochen. Die längste Lebensdauer hat der Zitronenfalter, der überwintert und zwischen sechs und elf Monate alt wird. Es gibt noch ungefähr 25 weitere Arten, welche die dunkle Jahreszeit als Falter überstehen.

Flugverhalten

Die Flugleistungen der einzelnen Arten schwanken erheblich. Schwirrflieger wie die Schwärmer (*Sphingidae*) erreichen eine Fluggeschwindigkeit von über 50 Stundenkilometern. Nach ihrer Lebensweise unterscheidet man zwischen Wanderfaltern wie dem Distelfalter, der mehrere tausend Kilometer zurücklegen kann, und standorttreuen Arten. Schmetterlinge sind wechselwarme Tiere und passen ihre Flug- und Ruhephasen den jeweiligen klimatischen Bedingungen an. Zu große Hitze scheuen die meisten ebenso wie zu große Kälte. Und auch die Größenunterschiede sind gewaltig: Die Flügelspannweite eines Eichenwicklers (*Tortrix viridama*) misst gerade einmal 16 bis 24 Millimeter, während die des Wiener Nachtpfauenauges (*Saturina pyri*) stolze 160 Millimeter erreichen kann. Damit ist dieser Falter der größte europäische Schmetterling.

DIE SCHÖNSTEN BÜCHER ÜBER SCHMETTERLINGE

Bellmann, Heiko: *Der neue Kosmos-Schmetterlings-führer, Schmetterlinge, Raupen und Futterpflanzen.* Stuttgart: Kosmos Verlag 2016.

Beuys, Barbara: *Maria Sibylla Merian. Künstlerin, Forscherin, Geschäftsfrau.* Berlin: Insel Verlag 2016.

Bühler-Cortesi, Thomas: *Tagfalter der Schweiz.* Bern: Haupt Verlag 2013.

Carter, D.J. / Hargreaves, B.: *Raupen und Schmetterlinge Europas und ihre Futterpflanzen.* Singhofen: Paul Parey Verlag 1987.

Danesch, Othmar: *Schmetterlinge. Tag- und Nachtfalter.* Zürich: Buchclub Ex Libris 1968.

Der Schmetterlingskoffer: Die tropischen Expeditionen des Arnold Schultze. Berlin. Galiani Verlag 2010.

Dreyer, Wolfgang: *Welcher Schmetterling ist das? 140 Arten einfach bestimmen.* Stuttgart: Kosmos Verlag 2016.

Ebert, Günter: *Die Schmetterlinge Baden-Württembergs*, Bände 1–8. Stuttgart: Verlag Eugen Ulmer 1994–2001.

Ferretti, Gianluca: *Schmetterlinge der Alpen. Der Bestimmungsführer für alle Arten.* Bern: Haupt Verlag 2015.

Fowles, John: *Der Sammler.* Übersetzt von Maria Wolff. München: List Verlag (Ullstein Taschenbuchverlag) 2002.

Friedewald, Boris: *Maria Sibylla Merians Reise zu den Schmetterlingen.* München: Prestel Verlag 2016.

Goulson, Dave: *Wenn der Nagelkäfer zweimal klopft. Das geheime Leben der Insekten.* München: Carl Hanser Verlag 2014.

Henning, Peter: *Tod eines Eisvogels.* Köln: Kiepenheuer & Witsch 1997.

Schmetterlinge im Garten und in der Landschaft. Herausgegeben vom Bayerischen Landesverband für Gartenbau und Landespflege. München 2015.

Hoerner, Wilhelm: *Der Schmetterling. Metamorphose und Urbild. Eine naturkundliche Studie mit einer Lebensbeschreibung.* Stuttgart: Verlag Urachhaus 1991.

Hofmann, Ernst: *Die Raupen der Großschmetterlinge Europas.* Bremen: university press in Europäischer Hochschulverlag 2014.

Jünger, Ernst: *Subtile Jagden.* Mit einem Essay von Uwe Tellkamp und Illustrationen von Walter Linsenmaier. Stuttgart: Verlag Klett-Cotta 2017.

Kern, Simone: *Mein Garten summt. Ein Platz für Bienen, Hummeln und Schmetterlinge.* Stuttgart: Kosmos Verlag 2017.

Kolligs, Detlef: *Schmetterlinge Norddeutschlands. 100 Tagfalter.* Kiel: Wachholtz Verlag 2014.

Marent, Thomas: *Schmetterlinge. Die faszinierenden Arten der Welt.* München: Dorling Kindersley Verlag 2007.

Minier, Bernard: *Schwarzer Schmetterling.* München: Knaur Verlag 2012.

Vladimir Nabokov. Das Leben erfinden. DU. Heft Nr. 6. Zürich: 1996.

Nabokov, Vladimir: *Sprich, Erinnerung, sprich. Wiedersehen mit einer Autobiographie.* Aus dem Englischen von Dieter E. Zimmer. Reinbek: Rowohlt Verlag 1984.

Pfletschinger, Hans: *Schmetterling. Kompaß. Tag- und Nachtfalter und ihre Raupen sicher bestimmen.* München: Gräfe und Unzer Verlag 1987.

Rössler, Reinhard: *Die Raupen der Großschmetterlinge Deutschlands. Eulen und Spanner mit Auswahl.* Paderborn: Salzwasser-Verlag 2013.

Ruckstuhl, Thomas: *Schmetterlinge und Raupen. Bestimmen – Kennenlernen – Schützen.* Gütersloh: Bertelsmann Verlag 1995.

Sauer, Friedrich: *Die schönsten Raupen – nach Farbfotos erkannt* (Sauers Naturführer). Nottuln: Fauna Verlag 2000.

Seggewiße, Edelgard: *Schmetterlinge entdecken, beobachten, bestimmen. Die 150 häufigsten tagaktiven Arten Mitteleuropas.* Bern: Haupt Verlag 2015.

Tolman, Tom / Lewington, Richard: *Schmetterlinge Europas und Nordafrikas.* Stuttgart: Kosmos Verlag 2015.

Trevor, William: *Ein Traum von Schmetterlingen. Meistererzählungen.* Hamburg: Hoffmann & Campe, 2015.

Ulrich, Rainer: *Schmetterlinge entdecken und verstehen.* Stuttgart: Kosmos Verlag 2015.

Urquart, Jane: *Der Schmetterlingsbaum.* Aus dem Englischen von Barbara Schaden. Berlin: Bloomsbury Verlag 2012.

Warnecke, Georg: *Welcher Schmetterling ist das?* Stuttgart: Kosmos Verlag 1964.

Willner, Wolfgang: *Taschenlexikon der Schmetterlinge Europas im Porträt.* Leipzig: Quelle & Meyer Verlag 2016.

VERZEICHNIS DER ERWÄHNTEN SCHMETTERLINGE

Schmetterlingsfamilien

ABBILDUNGSNACHWEIS

Für die Gestaltung des Buches wurden verwendet:

Barboleta © akg-images: 61, 95, 105

Großes Nachtpfauenauge (Saturnia pyri) © akg-images / Gilles Mermet: 17, 31, 46, 125, 183

Oleanderschwärmer mit Larve (Daphnis neri) © akg-images / Gilles Mermet: 49, 73, 96, 170, 171, 192

Ritterfalter (Papilio abeona, Papilio acanthi) © bpk / Staatsbibliothek zu Berlin: 7, 66, 106, 119, 131, 167, 169, 175

Schmetterlinge, kolorierte Kupferstiche von Aaron Martinet © bpk / adoc photos: 2, 20, 21, 35, 37, 40, 41, 51, 99, 110, 111, 114, 133, 142, 143, 157, 202, 203

Schmetterling, Pieter Lyonet © ullstein bild – Liszt Collection: 71, 83, 127, 199

Alle anderen Abbildungen aus:
Alexander von Humboldt: Das graphische Gesamtwerk. Herausgegeben von Oliver Lubrich. Sonderausgabe 2016. Darmstadt: Lambert Schneider Verlag.

DANK

Mein Dank gilt Jasmine Stern und Daniel Schmitt, ohne deren Mithilfe es das vorliegende Buch so nicht gäbe.